"十一五"全国数字艺术设计专业精品课程教材

The Education of Digital Graphics Art

建筑与景观模型设计制作

审定／全国数字艺术设计专业精品课程教材编写委员会
主编／朱正基
编著／马春喜　刘宜滨　谢　芳

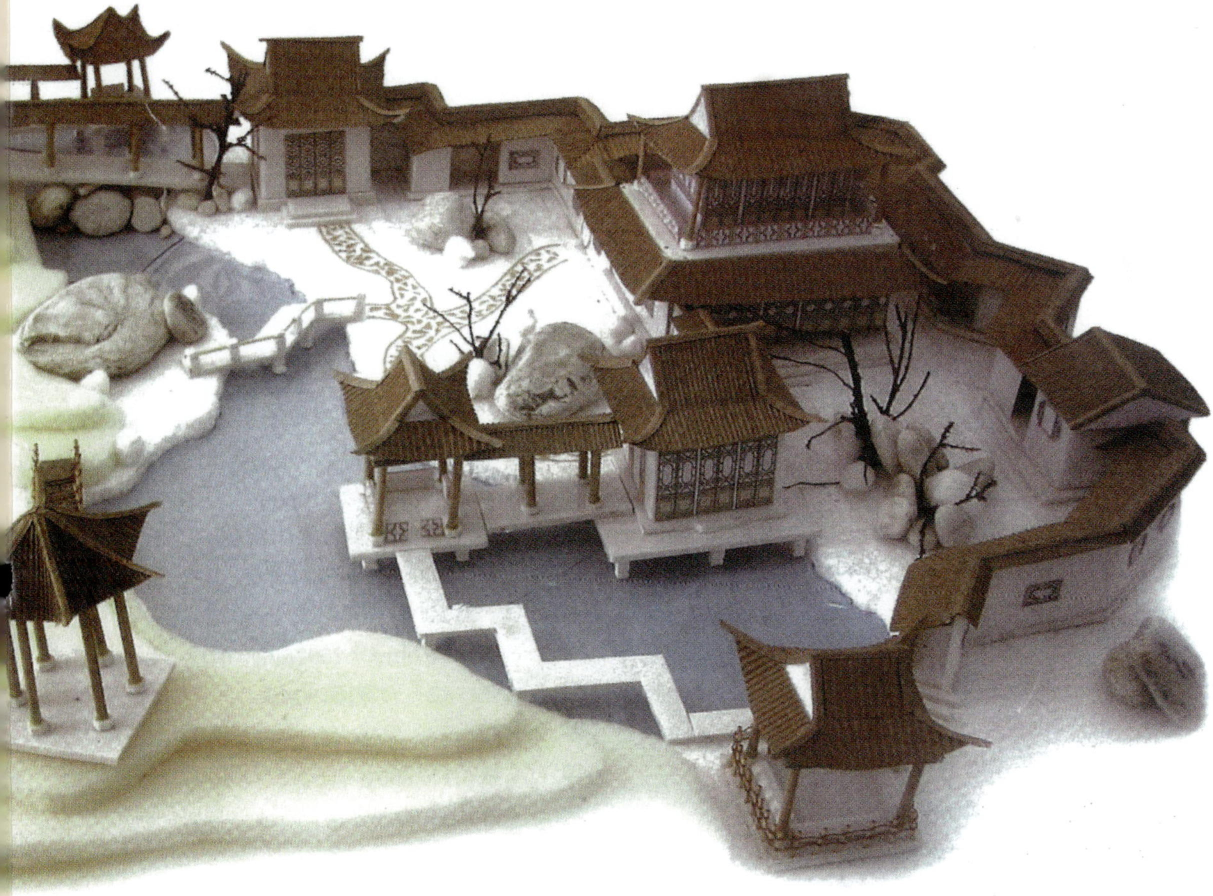

海洋出版社
北京

内 容 简 介

本书是关于建筑与景观模型设计制作的优秀教材。全书内容共 9 章，凝聚了作者多年的实际教学及实践经验。主要内容包括建筑与景观模型设计制作的基本概况和发展方向；制作模型使用的工具、材料；制作模型的基本流程、方法和技巧；以实例制作的形式，较为全面地介绍目前常用的一些新兴模型材料和制作工艺过程。

本书内容全面、系统，专业基础知识和技法、工艺流程紧密结合，深入浅出，通俗易懂，指导性、实用性强。书中大量引用经典的具有代表性的建筑与景观模型，使广大读者能从模型设计制作的基础理论和基本方法入手，深入了解、学习和掌握模型的设计制作，提高技法、拓展视野、启迪灵感、勇于创新，受益匪浅。

适用范围：全国各类院校建筑与景观模型设计与制作专业课程教材，广大建筑与景观模型设计制作爱好者和专业技术人员的学习和参考用书。

图书在版编目(CIP)数据

建筑与景观模型设计制作/朱正基主编；马春喜，刘宜滨，谢芳编著. —北京：海洋出版社，2009.6（2012.3 重印）

ISBN 978-7-5027-7472-1

Ⅰ.建… Ⅱ.①朱…②马…③刘…④谢… Ⅲ.①景观—模型—园林设计②景观—模型—制作 Ⅳ.TU986.2

中国版本图书馆 CIP 数据核字（2009）第 068954 号

总 策 划：WISBOOK	发 行 部：(010)62174379(传真) (010)62132549
责任编辑：刘 斌	(010)68038093(邮购) (010)62100077
责任校对：肖新民	网 址：www.oceanpress.com.cn
责任印制：赵麟苏	承 印：北京朝阳印刷厂有限责任公司
排 版：海洋计算机图书输出中心 晓阳	版 次：2020 年 3 月第 1 版第 7 次印刷
出版发行：海洋出版社	开 本：787mm×1092mm 1/16
地 址：北京市海淀区大慧寺路 8 号（716 房间）	印 张：12 彩插 12 页
100081	字 数：288 千字
经 销：新华书店	印 数：6001～8000 册
技术支持：(010) 62100057	定 价：35.00 元

本书如有印、装质量问题可与发行部调换

"十一五"全国数学艺术设计专业精品课程教材

编 委 会

主　任：武马群　吴清平

副主任：徐　敏　程时兴　孙振业　韩祖德　张　凡
　　　　李广华　贾清水

委　员（排名不分先后）

陈　明	刘鸿良	李广华	李　铃	高鸿生
张　宁	丁理华	李　益	陈　军	陈明红
王　翔	张　盛	潘　倩	陈　惟	张健翔
陈伟利	吴筱荣	彭　超	张　拓	邢　禹
陈　琢	刘　畅	李燕萍	朴仁淑	陈　亮
徐列英	穆　平	果晓来	郭诠水	孙晶艳
麦森平	宫　谦	徐　琨	崔武子	李　红
邓振杰	徐　明	张　俊	朱国英	王　健
张金波	王　猛	王　琳	刘向群	张丕军
李若岩	王竹泉	林　浩	新　夫	周　博

前　言

　　建筑与景观模型设计与制作是一门培养学生空间想象能力和表现能力的专业基础课程。模型的设计与制作突破了传统二维设计表现手段的局限性，使艺术设计从方法论的意义上有了根本性的进步。同时模型设计制作的过程也是对方案设计的重新审度、细部仔细推敲的过程，准确逼真的模型能够使我们的设计更臻完美。

　　建筑与景观模型设计与制作是以模型材料和制作工艺作为基础的。随着模型材料新产品的开发，制作工艺水平的提升，模型设计与制作的表现手段也在不断的更新，其制作也由传统的手工作坊发展到现代工业化的生产过程，更由于计算机辅助设计的普及与运用，使得实体模型的制作更加精准、美观和快捷。为此，特编此书，以满足相关专业院校师生及广大景观模型设计制作爱好者和专业技术人员的学习和参考使用。

　　本书参阅了国内外相关专著及优秀模型设计作品，结合多年的实际教学经验和实践经验，几经修改编写而成。全书共分为九章，笔者介绍了建筑与景观模型设计制作的基本概况和发展方向，制作使用的工具、材料和制作的基本流程和方法技巧；以实例制作的形式，较为全面地介绍了目前常用的一些新兴模型材料和制作工艺过程，力求从实用性、学术性和普及性等方面阐述，努力做到通俗易懂、深入浅出，使广大读者能从模型的基础理论和基本方法入手，提高模型设计的表现水平；另外，笔者将建筑与景观模型从艺术审美的角度把设计作品展示出来，使其作为一门可以独立审美的学科。此书在编写过程中还引用了一些书籍、网络及其他来源的图片资料，在此向图片的作者致以最真挚的感谢。

　　本书得到了海洋出版社秦仁华老师、王勇老师等同志的大力支持，并得到了兄弟院校和业内同仁的热情帮助，在此对他们的辛勤工作和热情支持表示衷心的感谢！是他们的帮助与支持才使得本书更好更快的结稿出版。

　　由于编者对模型教学的研究和学习尚有不足之处，加之资料不全、时间仓促等原因，编写中难免有漏误之处和局限性，敬请专家同行和广大读者提出宝贵意见，不吝教正，在此深表谢意。

编　者

第1章

社区广场模型范图

花园模型范图

景观造型模型范图

环境绿化模型范图

单体模型范图

本书范例导读

室内模型范图

欧式别墅模型范图

中国传统佛寺建筑模型范图

中国传统佛寺建筑模型范图

建筑与景观模型设计制作

多媒体计算机控制声、光、电一体模型

第 2 章

实体模型范图

缩微展示景物与环境范图

学习型模型范图

港口码头模型

体块模型范图

内视模型范图

本书范例导读

沙盘模型范图

木质模型范图

第 4 章

人物模型

汽车模型

卡纸模型范图

综合材料制作的景观模型

建筑与景观模型设计制作

第 5 章

园林景观为主题的模型范图

单体别墅建筑模型实例

建筑群模型实例

第 6 章

景观模型效果范图

单体建筑模型色彩表现范图

色彩搭配效果范图

第 7 章

绿地效果范图

水面效果范图(1)

水面效果范图(2)

本书范例导读

建筑与景观模型设计制作

本书范例导读

山地绿化效果范图

第 9 章

建筑与景观模型设计制作

园林建筑及绿化模型范图

目　录

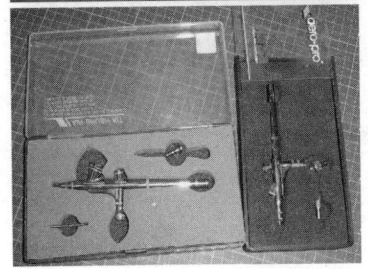

第1章　绪论 1
　1.1　景观设计与建筑景观模型 1
　　　1.1.1　引言 1
　　　1.1.2　景观设计的概念 2
　　　1.1.3　景观设计学科的发展 3
　1.2　建筑与景观模型在景观设计教学实践中的应用 4
　　　1.2.1　建筑与景观设计推敲的重要过程 4
　　　1.2.2　空间概念培养的重要环节 6
　　　1.2.3　培养设计思路和设计能力 6
　　　1.2.4　从实践中培养设计师的严谨态度 7
　1.3　模型的未来发展趋势 8

第2章　模型概述 13
　2.1　模型的概念 13
　2.2　建筑与景观模型的特点 15
　　　2.2.1　直观性 15
　　　2.2.2　时空性 15
　　　2.2.3　表现性 15
　2.3　建筑与景观模型的用途 16
　2.4　景观模型的类型 19
　　　2.4.1　按景观模型的用途分类 21
　　　2.4.2　按景观模型材料分类 25

第3章　建筑与景观模型制作工具 30
　3.1　概述 30
　　　3.1.1　适合模型制作的工作场所 30
　　　3.1.2　良好的水、电、风、光条件 31
　　　3.1.3　材料与工具摆放要有序 32
　　　3.1.4　完善的安全设施和显眼的安全警示 32
　3.2　基本设备及其使用 32
　　　3.2.1　安全底板 33
　　　3.2.2　雕刻底板 33
　3.3　测绘工具及其使用 33

3.3.1 比例尺 34
3.3.2 直尺 34
3.3.3 三角板 34
3.3.4 丁字尺 35
3.3.5 卷尺 35
3.3.6 弯尺 35
3.3.7 蛇尺 36
3.3.8 游标卡尺 36
3.3.9 圆规、分规 36
3.3.10 模板 36
3.3.11 画线工具 37
3.3.12 计算器 37
3.4 剪裁、切割工具及其使用 37
3.4.1 剪裁、切割工具 37
3.4.2 常用剪裁、切割工具的使用 43
3.5 钻孔工具及其使用 44
3.5.1 钻孔工具 44
3.5.2 常用钻孔工具的使用 46
3.5.3 钻孔的方法 47
3.6 打磨修整工具及其使用 48
3.6.1 打磨修整工具 48
3.6.2 常用打磨修整工具的使用 52
3.7 辅助工具及其使用 53
3.7.1 辅助工具 53
3.7.2 辅助工具的使用 55
3.8 其他工具及其使用 55

第 4 章 建筑与景观模型材料及其加工 58

4.1 模型制作材料分类 58
4.2 主材类及其加工 59
4.2.1 木质材料及加工 59
4.2.2 纸质材料及其加工 64
4.2.3 塑料材料及其加工 68
4.2.4 金属材料及加工 75
4.2.5 石膏类材料及其加工 76
4.3 辅助材料及其加工处理 78
4.3.1 黏接剂及其使用 78
4.3.2 常用辅助材料及使用 81
4.4 制作模型的基本手工技能 89
4.5 主要加工制作工艺 90

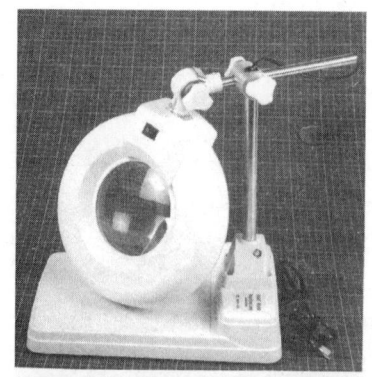
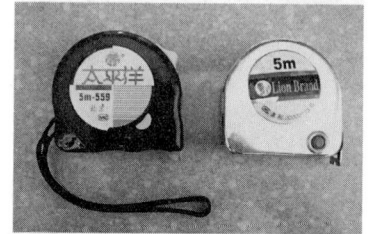

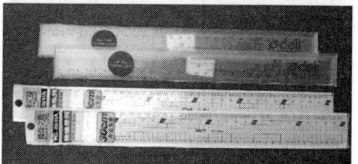

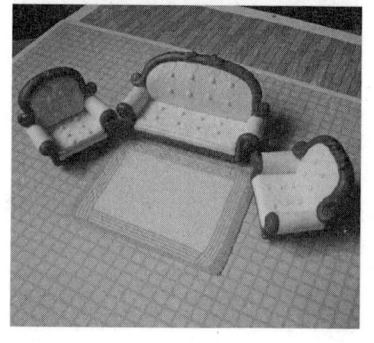

		4.5.1 特殊构件的加工工艺	90
		4.5.2 基本制作工艺	91
4.6	模型样品的制作		105
4.7	方案切块模型的制作		107
4.8	展示模型的制作		109

第5章 模型设计制作的表现形态与基本程序 112

5.1 模型设计制作表现形态 113
    5.1.1 地形学模型 113
    5.1.2 建筑主体模型 117
    5.1.3 电脑制作模型 120

5.2 模型设计与制作的基本程序 122
    5.2.1 模型制作工作场所 122
    5.2.2 准备计划工作 123
    5.2.3 模型的设计阶段 124
    5.2.4 模型的制作阶段 124

第6章 建筑与景观模型设计 125

6.1 建筑与景观模型项目的确定 125
6.2 建筑与景观模型设计构思 126
6.3 建筑与景观模型设计 127
    6.3.1 建筑主体设计 127
    6.3.2 绿化制作设计 131
    6.3.3 绿化树木的色彩 133
    6.3.4 其他配景设计 134

6.4 建筑与景观模型项目的策划及运作 134
    6.4.1 度身定制模型的类型 135
    6.4.2 整体内容的布局处理 135
    6.4.3 展览内容的策划设计原则 135
    6.4.4 合理的摆放空间 136

第7章 建筑与景观模型制作 137

7.1 模型底盘、地形、道路的制作 137
    7.1.1 模型底盘制作 137
    7.1.2 模型地形制作 138
    7.1.3 道路模型制作 141

7.2 主体建筑模型的制作 142
    7.2.1 建筑单体模型的制作过程 142
    7.2.2 居住小区模型的制作过程 144
    7.2.3 建筑内外面模型的制作过程 145

7.3 绿化环境模型的制作 146

	7.3.1	平整绿地模型	146
	7.3.2	山地绿化模型	147
	7.3.3	树木模型	148
	7.3.4	绿篱模型	153
	7.3.5	树池和花坛模型	154

7.4 景观小品模型制作 154
    7.4.1 水面 154
    7.4.2 车辆 155
    7.4.3 电杆 路灯 157
    7.4.4 立交桥 158
    7.4.5 公共环境设施模型 159
    7.4.6 建筑小品 160
    7.4.7 围墙、栅栏 161
    7.4.8 标题、指北针、比例尺 163

7.5 后期特殊效果的制作 163
    7.5.1 模型的灯光效果 163
    7.5.2 模型的声音效果 166
    7.5.3 声、光、电效果合成框架 166
    7.5.4 模型的气雾效果 168

7.6 模型的后期管理 168
    7.6.1 模型的包装与运输 168
    7.6.2 模型的养护 172
    7.6.3 模型的保存 172

第8章 建筑与景观模型的摄影 174

8.1 摄影器材 174
    8.1.1 光圈、快门与景深 174
    8.1.2 镜头、焦距的选择 175

8.2 摄影构图 176

8.3 距离与角度 176

8.4 拍摄光源环境 177
    8.4.1 室外环境摄影 177
    8.4.2 室内环境摄影 177

8.5 拍摄背景 177

8.6 模型照片后期制作 178

第9章 建筑与景观模型设计制作实例 179

9.1 如何赏析建筑与景观模型作品 179

9.2 模型设计制作实例 180

参考文献 186

第1章
绪论

本章重点
- 景观设计与建筑景观模型
- 模型的未来发展趋势
- 建筑与景观模型在景观设计教学实践中的应用

1.1 景观设计与建筑景观模型

1.1.1 引言

随着时代进步与社会发展,工业化的无限度扩展所导致人类生存空间环境质量的进一步恶化,使人们开始重新审视以前奉为金科玉律的思维习惯和行为方式。人们从积极关注美化自身狭小的室内环境逐步把视线投入到更广阔的空间中,从居家的宅前后院到跨越几千里的时空上,都留下了人们为了追求更加美好的生活环境而不懈奋斗的足迹。

景观艺术是随着人类文明不断地进步发展而日益受人们重视的一门集社会、文化、自然、科学、现代科技和艺术的人文学科。景观设计是一个古老而又崭新的学科。广义上,从古到今人类所从事的有意识的环境改造活动都可以称之为景观设计。它是一种具有时间和空间双重性质的创造活动。它随着时代的发展而发展,每个时代都会赋予它不同的内涵,提出更高、更新的要求,是一个创造和积累的过程。景观是一个时代的经济、文化面貌以及人的观念、思想的综合表象,是社会形态的物化形式,也是时代文明的映射。

景观设计的目的主要是改善人类生活空间状态的环境质量和生活质量。任何社会形态的国家和地区的改革发展,都应将改善民众生活空间质量和生活环境的问题纳入总体战略之中。早期人类基于生存的本能,创造了以直觉体验为表征的隐蔽空间(室内空间)和暴露空间(室外行动空间)。今天,人类文明已进入信息时代的新时期,时代的发展使人们更需要和向往一种融社会形态、文化内涵、历史承传、亲近自然、闭合与开放、面向未来更具人性的多元的、综合的、理想的、心理和物质的生存空间,以达到乐生的理想境界。给人类提供一个多层次、多方位的生存空间,自然生态、文化生态平衡的环境空间,气候宜人、快捷方便的生活空间,已是今天这个时代的呼唤。随着人类认识能力的不断提高,环境意识的逐步觉醒,人们开始重新审视日趋恶化的生活环境,如何处理好自然环境和人类的相互协调关系,怎样加强自然环境和人文环境的保护,如何使各种现代环境设计更好地满足当代人的精神文化需求和物质利益需求等,有关环境和人类共存互利的关系问题已越来越引起人们的广泛重视。

景观是人类生活环境的一个组成部分,它能够完善和提高城市社区的环境质量,改进人类和自然之间的生态平衡。随着信息时代的到来,社会生产力获得了空前的发展,社会结构、形式也发生了革命性的变革,人们对环境将提出更高、更新的要求。

1.1.2 景观设计的概念

人类文明是伴随着人类对理性和完美的追求而发展的,自从人类出现以来,就从未间断过对自身生活环境的改造和完善的努力。环境是人类生活中一个极其重要的组成部分,而景观又是在环境中满足人们精神需求和物质需求的必不可少的重要构件。

景观设计是一个庞大、复杂的综合学科,融合了社会行为学、人类文化学、艺术学、建筑学、科技、历史、心理、地域、风俗、地理、自然等众多学科的理论,并且相互交叉渗透。

景观设计的内涵及范围极为广泛,形式也千变万化、无穷无尽,大致分为自然景观(包括公园、旅游景区、街道两侧绿化带、室内庭院、居住区花园、环境小品等以自然地域特色为主要内容的景观场所)和人文景观(包括广场、居住区、文化设施、公共场所和商业建筑等以人类文化特色为表现对象的景观场所)的设计。从空间的角度来说,它包含一切可以感知的行为空间,如城市广场、街道、社区、公园、河岸、景点、集会贸易等人群集散场所(见图1-1),室内的厅堂、室外的庭院、花园、草坪等(见图1-2)。

图1-1 社区广场模型范图

图1-2 花园模型范图

景观设计是指在某一区域内创造一个具有形态、形式因素构成的较为独立的，具有一定社会文化内涵及审美价值的景物。它具备以下两个属性：一个是自然属性，它必须作为一个有光、形、色、体的可感因素，一定的空间形态，较为独立并易从区域形态背景中分离出来的客体。二是社会属性，它必须有一定的社会文化内涵，有观赏功能，改善环境及使用功能，可以通过其内涵，引发人的情感、意趣、联想、移情等心理反映，即所谓景观效应。

人类对环境的设计，其目的是为了创造一个更能适应人们生活各方面需求、丰富多元化的、科学健康的生存环境。今天，生活环境的优劣是衡量一个国家或地区文明进步的一个重要标志。景观设计是环境建设的重要组成部分。优良的景观设计，可以使杂乱无章的生活环境变得井井有条，舒适宜人，给人以美好的精神审美享受，提供人们休闲娱乐、交流接触的开敞空间。景观的另一个作用是让生活在喧闹的城市中的人们亲近自然，走进自然。它是衔接都市与自然的桥梁，同时又可给城市提供回归自然的场所，给农村提供某种城市的精神和使用的空间职能，满足人们多元化的生活需求，使人们的生活活动空间更为广阔，更加自由，更加完善。美好的环境可以调节人的情感与行为，幽雅、充满生机的环境使人愉悦、欣慰、满足、充满生气。合理的空间尺度，完善的环境设施，喜闻乐见的景观形式，让人更加贴近生活，缩短心理距离。

人与环境是互为作用、有机联系、密不可分的整体。人创造环境，是为了利用环境，享受环境带来的社会、经济效益，从中获得满足；环境的发展又熏陶塑造了人的精神品质，这就是精神文化在景观中的作用。景观可以给人一种文化认同、民族认同、时代认同。

1.1.3 景观设计学科的发展

景观设计是一个发展速度非常快的新兴学科。就学科发展和职业化进程来看，美国无疑走在世界的前列。自1858年美国景观设计之父奥姆斯特德提出了景观设计（Landscape Architecture）这一名称之后，1899年，美国景观建筑师学会（ASLA）创立，1901年美国哈佛大学开设了世界第一个景观设计学专业。1909年，詹姆斯在景观设计专业中加入了城市规划课程，逐渐从中派生出了城市规划专业。

纵观国外的景观设计教育，非常重视多学科的结合，包括生态学、土壤学等自然科学，也包括人类文化学、行为心理学等人文科学，最重要的还必须学习空间设计的基本知识。这种综合性进一步推进了学科发展的多元化。

1. 边缘性

景观设计是在自然和人工两大范畴边缘诞生的，因此它的专业知识也处于众多自然科学和社会科学的边缘。如，建筑学、城市规划、地学、生态学、环境科学、园林学、林学、旅游学、社会学、人类文化学、心理学、文化艺术、测绘、3S技术应用、计算机技术。

2. 开放性

景观设计不仅向建筑学、城市规划专业人士开放，也向其他具备自然科学背景或社会科学背景的人士开放，持各种专业背景的人都有机会基于各自的专长从事景观设计工程实践。

3. 综合性

多方面人士的参与导致学科专业的综合性，专业教育培育的不仅是单一门类知识的专才，更是培养综合应用多学科专业知识的全才。

4. 完整性

景观设计专业教育横跨自然科学和人文科学，包括从建筑工程技术、资源环境筹划、经济政策、法律、管理到心理行为、文化历史、社会习俗等多方面完整的教育内容。

5. 体系性

多学科知识基本都统一在环境规划设计这一总纲下，不同的研究方向只是手段和角度不同而已。

理想的景观设计教育，建立在艺术和相关科学的教育基础上，设计、管理、科学研究三方面都有所涵盖，并有所侧重。所谓艺术和科学基础是指与景观设计、建筑学和城市规划相关的美学理论以及设计理论。设计指的是偏向职业化的教育，主要包括：场地规划、景观植物学、景观技术；而管理是偏向景观维护、房地产经济和发展以及市场分析、设计法规等学科。科学研究的课程则更多注重多学科的交叉研究。这三个教育方向无疑向社会提供了三类人才：面向设计部门，例如景观设计事务所、建筑设计事务所和城市规划设计部门；面向管理部门，如政府、环保部门和水利电力部门，以便帮助政府机构做出决策；面向科学机构，如高校、研究所等。三者的结合基本上可以满足当今社会对于景观设计人才的需求。

1.2 建筑与景观模型在景观设计教学实践中的应用

随着现代科学技术的发展和材料工艺的日新月异，出现了各种类型风格的建筑及景观环境，它们不但从功能上满足了人们生活与工作的各种需求，更能满足人们不断追求审美情趣的需要。我们通过培养空间造型审美能力、思维能力和创造能力来改善生活环境，提高生活质量。

1.2.1 建筑与景观设计推敲的重要过程

模型教学在建筑与景观类专业的教学实践中，对培养学生的设计创造能力，动手制作能力，树立三维立体空间的想象能力非常重要。模型设计制作是辅助设计必须完成的设计命题作业。一般可以归纳为四类，即建筑单体模型（见图1-3），景观造型模型（见图1-4），规划模型（见图1-5）和环境绿化模型（见图1-6），这和专业的构成是吻合的。建筑与景观模型设计制作是建筑和景观设计的一种手段，它通过以景观组成要素单体的增减，群体的组合以及拼接为手段，来探讨设计方案，相当于完成景观设计的立体草图，以实际的制作代替用笔绘画，其优越性显而易见。建筑与景观模型设计制作原本属于工艺制作的范畴，但由于从设计意图到实物模型的转换过程中，设计到景观形态、比例、色彩、材料、空间结构等造型因素的变化，其自身也存在着设计构思的问题。建筑与景观模型设计，不只是表现景观组成要素的单体和群体本身的外部造型，同时也充分表现了景观环境中各种组成要素之间的空间关系。因此，开设模型制作课程是对设计主干专业课的必要补充。

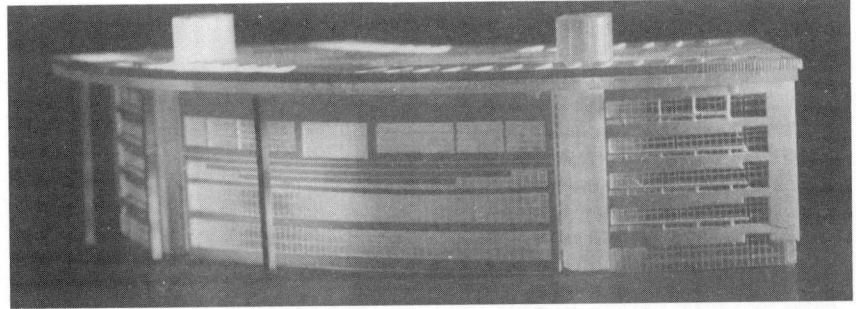

图1-3 单体模型范图

图1-4 景观造型模型范图

图1-5 规划模型范图

图1-6　环境绿化模型范图

1.2.2　空间概念培养的重要环节

建筑与景观模型设计制作要运用多种现代技术、材料和加工工艺手段,以特有的微缩形象,逼真地表现出景观环境的立体空间效果。它除了按比例缩小外,在外观形象方面要求与景观要素非常贴近。这就比景观设计中的效果图、平面图、立面图、剖面图等具有更高的表现力和感染力。通过模型制作,学生可以突破二维平面表现手法的局限性,在三维空间造型上对设计进行推敲、修正,体会设计的形体、光影、结构布局、构成等,进行细部推敲、分析与设计构思的完善。对相关设计学习人员而言,尽量自己动手加工,是培养空间概念,增强感性认识,提高动手能力的重要环节。

1.2.3　培养设计思路和设计能力

设计师是设计的主体,其创意与灵感决定了设计的最终效果。但影响设计的因素有很多,设计毕竟不能仅仅停留在图纸上,只有通过艺术与技术的结合,才能使具体的创意灵感得以完整地实现。因此,作为一名优秀的设计师,不但要具备敏锐的设计思路,更应具备从二维到三维把握形态的意识。

模型是三维空间艺术的表达,三维模型的可视化表现是最容易发现设计问题的,在构思设计的每一个阶段中都对开拓设计思维、提高设计知识、变换设计手法起着积极的指导作用,这对锻炼设计师发现问题、解决问题和培养其敏锐的设计思想有着直接的帮助。设计师通过制作设计模型,凭借技术知识、经验及视觉感受对影响设计的各个方面,如材料、结构、构造、形态、色彩、表面加工、装饰等进行推敲、调整,从而可以充分调动综合设计的潜能来反复优化设计方案,更好地完善设计之初的创意灵感。由此可见,模型制作对于设计师是何等重要,是设计灵感通往成功产品的重要途径。

模型给设计构思提供了一个创作思路的可行性条件。随着构思方案的深化，设计师不断利用方案模型来构思表达，通常利用环境模型来分析地基状况，用室内模型（见图1-7）来推敲内部空间的流线和组织，用体量模型来斟酌空间形体的比例、尺度关系，用构架模型来探讨结构形式的合理性与可行性。通过景观模型设计制作，还可以学会立体性的景观环境布局，合理安排各种景观组成要素的位置，确定形体种类及尺寸，协调各要素之间的关系。而所有这些仅依靠在纸上的二维空间来想象几乎是不可能的。由于各个景观组成要素都是以单体出现在景观模型上的，所以在具体设计过程中，又可以灵活地改变设计思路，通过挪动某个或多个组成要素的位置，达到调整形态布局和色彩布局的目的。这种独特而灵活的设计方式既可以为教师教学提供方便，也能启发相关设计学习人员从多种变化中寻找最佳设计方案，从而开拓他们的设计思路。

图1-7　室内模型范图

1.2.4　从实践中培养设计师的严谨态度

模型设计与制作，是设计类专业（景观设计，城市规划，建筑设计，环境设计，工艺设计等）的一门非常重要的专业实践课程。一个优秀的设计必须经由一套完整的设计程序，而模型制作与展示的环节在很多设计项目中已经成为了必须。优秀的设计师不会将设计停留在纸图上，他们一定会通过模型制作的亲身体验和感受，严谨求实地把握设计的每个细节，为设计工作和付诸实施打下坚实的基础。

现代主义理论的重要奠基人之一、德国的著名的建筑师沃而特·格罗皮乌斯认为，"**设计师的教育必须经过实际的工艺训练，熟悉材料和工艺程序，系统研究实际项目的要求与问题**"。并在《艺术与技术家在何处相会》一文中明确写到："物体是由它的性质决定的，如果它的形象很适合它的用途，它的本质就很明确。一件物品必须在它的各个方面都与它的目的性相配合"。也就是说，产品设计在实际中能够完成它的功能，那么就是可用的，是可信赖的，并且是符合实际需要的。可见他对设计师能够亲身参与到具体的设计实践中给予了高度的肯定,这对后来的包豪斯体系的实践教学产生了深远的影响。

在具体的设计过程中,设计师遇到的最大困难就是将设计创意转化为作品的过程。要么是好的设计由于不符合实际条件,而胎死腹中无法实现;或者是设计虽然转化为作品了,但可能或多或少存在美中不足的问题,或者是在设计工作完成后仍然还有很多问题被忽视。造成这样结果的原因是多方面的,但也不能不说是因为在设计推敲与评估的过程中细化工作做得不够。模型设计与制作的目的,就是要培养设计师在制作仿真模型的具体实践中去体验设计,发现问题并及时改进,使设计方案趋于合理完善。优秀的设计师必须具有制作模型和通过模型进行判断和评价设计效果优劣的能力。

1.3 模型的未来发展趋势

由于科技不断向前发展,当谈到模型制作的未来发展趋势时,人们似乎很难预料。然而,就时代的发展和事物内在的规律来进行分析时,对于模型的未来而言势必在如下几方面有重大的发展和变化。

1. 表现形式

目前,模型的表现大都根据需要和可能来制定具体的表现形式。特别是建筑模型,因为主要是围绕房地产业的发展、建筑设计的展示和建筑学专业的教学来进行的,其形式更加如此。因此,就其表现形式来看,建筑模型是较为单一的,主要是以具象的形式进行表现的。展望未来,这种具象的形式仍将采用。但随着人们观念上的变化和对模型制作这门造型艺术的深层次理解和认识,则将会产生更多的表现形式。未来的、新的表现形式则侧重于其艺术性、观赏性与研究性的抽象表现形式(见图1-8、图1-9)。

图1-8　中国传统佛寺建筑模型范图

图1-9 欧式别墅模型范图

2. 工具

模型制作的工具是制约模型制作水平的一个重要因素。目前,在模型制作中较多地采用手工和半机械化加工。加工制作工具较多地采用**钣金**、**木工**的**加工工具**,专业制作工具屈指可数。这一现象的产生,主要是由于模型制作还未进入到一个专业化生产的规模,正是这种现象制约了模型制作水平的提高。但从现在国外工具业的发展和未来的发展趋势来看,随着模型制作业和材料业的发展及专业化加工的需要,模型制作工具将向着系统化、专业化的方向发展,届时模型制作的水平也将得到进一步提高。

3. 材料

模型制作与材料有着密不可分的关系。从早期出土的陶土模型、到早期使用木头、纸质材料,再到现在的有机分子材料、合金材料等,这种变化正是得益于材料业的发展。但是,作为模型制作的专业材料还是屈指可数的,远远不能满足模型制作的要求。从某种意义上说,材料限制着模型的表现形式,给模型制作带来了一定的局限性。

随着材料科学的不断发展以及商业行为的驱使,模型制作所需的基本材料和专业材料呈现多样化趋势。模型制作将不会停留在对现有材料的使用上,而是探索、开发、使用各种新材料。模型制作的半成品材料将随着模型制作的专业化而日渐繁多。

材料的仿真度将随着高科技的发展而有重大提高,其视觉表现力优先于它的理性化特性。模型制作是一种微缩的艺术仿型制作,材料的仿真程度制约着制作者的表达(见图1-10)。从目前来看,模型的仿真还属于较低层次,远远不能满足模型制作的要求。这种材料滞后现象的产生,主要是受两个方面的影响:其一,模型制作的发展还未进入一个规模化的专业生产。模型制作从开发到应用,未能进入一个良性循环,因此商业因素是材料产生滞后现象的根本原因。其二,目前的加工工艺、磨具制作等非商业因素的水平,还不能满足高仿真化模型材料制作的要求。我们应该看到,这种滞后现象只是一个暂时的过程,必将随着模型制作业的发展和未来高科技的发展而消失。随着模型业与其他行业的不断交融，不同的各类材料将在模型上得以运用，其表现效果会越来越好。

图1-10　模型仿真范图

4．制作工艺

手工制作模型是沿袭下来的一种传统的制作方法。从出土的古代陶土模型来看，其手工指间的痕迹很重，那是因为当时制作工具的匮乏，一些基本的科技只能靠手工和指间的感觉来保证；到了传说中的鲁班师傅搭建角楼模型的时候，斧、凿、刀、锯、刨等铁制专门工具已经具备了，所以角楼中梁、栋、拱等就能得到具体的表现了。而现在的模型制作中，**卡纸**、**ABS工程塑料板**等大量运用，大量专门工具和电脑雕刻机的出现，无不体现计算机CAD辅助设计的强大威力，使得其精度和效率都获得到极大的提高（见图1-11）。

图1-11　计算机CAD辅助设计现场

目前，由于模型制作人员的综合素质不同，从而呈现出制作水平的参差不齐。当电脑雕刻机被应用于模型制作时，便产生了各种不同的看法，甚至有人认为，电脑雕刻机的出现将取代手工制作。其实不然，从目前来看，电脑雕刻机绝不能取代手工制作。因为电脑雕刻机只能进行平面、立面的各种加工，况且电脑雕刻机完成的只是制作工艺中的某一环节。因此可以断言，未来的模型制作将会呈现传统的手工制作和现代化高科技制作相互补充、互为一体的趋势。

5. 智能化和动态化

近年来，尽管模型制作的表现已经非常细腻，而且灯光效果也非常抓人，但往往还是不能满足实际需求。讲究功能的完备、形式上与真实感的统一，都要求模型改变传统静态的展示形式。以房地产销售模型为例，十年前不用模型售楼，仅用图纸贴在墙上说明即可；六年前只要用一般模型能够清晰表达空间关系即可，一年前则要求用精确的带灯光的模型；近年来开始研究采用多媒体计算机控制的声、光、电一体模型（见图1-12），即解说讲道哪里，电影画面演示到哪里。而且还采用遥控静音双语播双解说系统，同时模型以外的环境氛围灯也全部采用电脑控制，根据情节的需要调节气氛。例如，海淀区总体的规划模型、清华高科技园建设模型等项目，就属于这种类型。

图1-12　多媒体计算机控制声、光、电一体模型

智能化和动态化的内容是一门相当综合的学问，它涉及机械工程学、结构力学、模式识别传感器元件、计算机软件、计算机硬件、造型艺术等各方面的成果。总体设计的构思人往往要有非常广阔的知识、联想能力以及逻辑分析能力。

在未来，也许要通过液压手段让一大片的规划建筑群、绿化苗木随着电动按钮拔地而起；再未来，也许要真实的模型样板间的各房间中模拟一天的日照情况、景观情况、下雨及打雷情况、噪音情况，以及一年四季温度的变化情况等。随着智能化和动态化的介入，给模型制作增加了更广阔的外延。但无论如何，其发展的趋势终将变得更加人性化，会以更好的方式服务于人类。

模型的发展历史就是一部人类社会科学技术发展的历史。人类的加工手段在变、居住的环境在变、设计的观念在变，惟一不变的是人类发展的目标没有变。人类向着改造客观事物世界的深度和广度进军，要求更加真实、全面、系统地模拟和反映真实的世界。无论是在表现形式上，还是在工具、材料及制作工艺上，未来的模型制作都将全方位地发展变化。因此，作为模型制作者也应该随着变化而变化，通过大家的努力，共同繁荣和发展这门古老而又年轻的造型艺术。

【本章小结】

作为全书的总括，本章概括了模型发展的时代背景及未来发展趋势，阐述了对于专业设计人员各种能力培养方面的积极意义，说明了建筑景观模型设计与制作课程的开设对于实践教学环节的重要性。

【思考与练习】

1. 简述建筑与景观模型在景观设计教学实践中的必要性。
2. 建筑与景观模型的未来发展趋势怎样？

第2章
模型概述

本章重点
- 模型的概念
- 建筑与景观模型的用途
- 建筑与景观模型的特点
- 景观模型的类型

2.1 模型的概念

景观设计的表达，是指设计师在承担某项设计的过程中，运用各种媒介、技巧和手段，选择平面形式或立体形式来表达自己的设计构思，以展示其设计作品的风格和品质。景观设计的表达是将一项设计构思塑造成直观形象的重要手段，对于景观设计师和业主来说都是有着重要意义的。

景观设计有两种表达方式，一种是图纸，另一种是模型。这两种表达方式各有优点，各有用途，都是争取设计项目的最基本手段。一般的设计表现方法是草图、效果图或基本工程图，这算是完成了初步的设计方案。如果需要进一步增强设计视觉的感染力或完善设计方案的可靠性，就需要用模型制作的方法来表达。模型作为对设计理念的具体表达，就成为设计师与开发商和使用者之间的交流"语言"，而这种"语言"即设计"物"的形态，是在三维空间中所构成的造形实体。

模型的相近之意在我国古代谓之"法"，有"制而效之"的意思。公元121年成书的《说文解字》注曰："以木为法曰模，以竹为之曰范，以土为型，引申为之典型。"在营造构筑之前，利用直观的模型来权衡尺度、审曲度势，虽盈尺而尽其制。这是我国史书上最早出现的模型概念。

模型最初是作为供奉神灵的祭品放置在墓室里的。我国最早的建筑模型见于汉代的陶楼（见图2-1），作为一种"明器"，以土坯烧制而成，外观模仿木结构楼阁，十分精美。但它只是作为祭祀随葬之用，与鼎、案、炉、镜之类没有太大的差别。但是，随着时间的流逝，它逐渐成为设计师表现设计思想的一种手段和方法。

图2-1　汉代陶楼

模型的概念，由于其应用领域的不同，有着不同的定义和解释，归结起来，可以分为"概念模型"（见图2-2）和"实体模型"（见图2-3）两类。前者则如物理模型、数学模型等属于抽象或理论研究的范畴；后者则如**景观模型**、**建筑模型**、**产品模型**、**展示模型**等，属于实体模型的范畴，是设计的一种表达手段或对某种实物进行足尺或缩放比例的模仿制作。实体模型超越了**平面**、**立面**、**剖面**、**轴侧图**、**透视图**，乃至全息动画等所能达到的效果，成为一种三维直观的"对空间的视觉表达"。

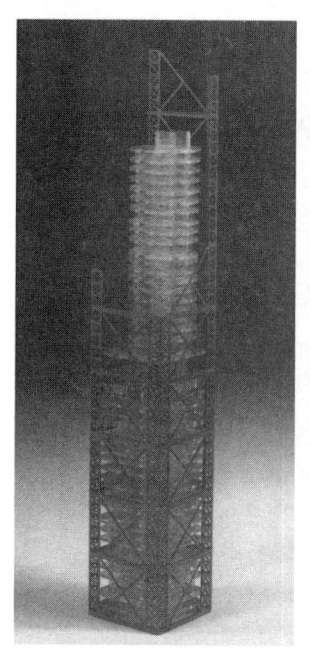

图2-2　概念模型范图

图2-3　实体模型范图

20世纪80年代以来，随着改革开放的不断深入，工业化产品日益增多，各种模型种类也越来越名目繁多，其范围极广，并已推及到其他各个领域，从航天科技到军用设备，从建筑设计到城市规划，从影视特技到舞台场景，从生物研究到智能机器人等。相应的建筑与景观模型的功能及作用也得到了更大的开发与利用。人们重视模型真实而直观的效果，使设计突破了传统二维平面表现手段的局限性，将设计的平面图、立面图垂直发展成为三度空间实体，形象地表达了创造物。模型的功能体现在于把图纸与实际立体形态之间的关系有机地联系起来，让设计师在真实空间的条件下观测、分析和研究，处理"物"的形态变化，表达它所包含的创造意图。从这个意义上讲，模型使得"造型"设计从方法论的意义上有了根本性的进步。新技术、新材料与新观念的结合，形成了前所未有的艺术创作高潮，同时，建筑和房地产市场的繁荣也进一步带动了模型艺术的飞速发展。新材料、新技术的应用，使模型制作由传统作坊式的手工操作转向近似工业生产化的过程，并逐渐形成多工种配合、流水作业、专业化分工的定制加工型服务性生产行业。计算机的应用和新工艺的发展，更使模型制作无所不能，给模型制作艺术增添了无穷的魅力。

模型的概念可简单定义为：根据某一种形式或内在的比较联系，进行模仿性的有形制作。模型是设计的一种重要表达方式，它是按照一定比例缩放的形体。是以立体的形态表达特定的创意，以其真实性和整体性向人们展示一个多维空间的视觉形象，并且以色彩、质感、空间、体量、肌理等功能元素表达出设计师的思想，使设计思想转化为可视的、可触的、有真实感的设计效果，以便在景物尚未建成之前，为人们提供一个比较准确、直观的评赏机会；模型是一种介于设计图纸和实际之间的立体空间表达，它能有机地把两者联系起来，让设计师、业主和评审者从立体条件下去分析和处理空间及形态的变化，表达它所包含的设计意图。模型是评价、审核设计方案的十分重要的形象载体。这对于设计人员、审批人员及使用者来说，都是十分有益的。

模型表现手法超越了平面、立面、剖面、透视图，效果图以及电脑动画等所能表达的效果，是占据空间的立体作品。

景观模型如今已不是一种简单的汇报成果式的展示模型，不仅对景观设计效果起一个直观地反映作用，而更多的是用在方案构思和概念设计中。景观设计师不仅要能自己动手制作模型，而且要把自己的想法融入模型当中，解决在平面图纸上无法解决的问题，所以要充分发挥设计师的空间想象能力，以求得最佳的设计方案。

景观模型介于平面图至于实际立体空间，能够把两者有机地联系在一起，是一种三维的立体模式。景观模型既是景观设计师设计过程的一部分，同时也属于设计的一种表现形式，被广泛应用在环境设计、景观规划设计、城市建设、房地产开发、景观设计招标与招商合作等方面。

2.2 建筑与景观模型的特点

建筑与景观模型与平面设计图相比，具有直观性、时空性和表现性三个特点。

2.2.1 直观性

景观模型是以缩微实体的方式表现景观设计的。景观模型是按照一定的比例将实际景物缩微而成的，是传递、解释、展示设计项目和设计思路的重要工具和载体。所以，在设计制作时应根据不同模型的用途选取适宜的材料、工艺进行制作，同时要考虑符合美学的原则和处理技术，以加强景观模型的可视性、可交流性。以模型形式把景观设计的构思表现的更加深入、完善，以至接近于真实的景观实物。由于景观模型展示的是直观实体在三维空间的形象，因而便于人们研究某个景观要素与环境的关系，以做出可行方案。景观模型的直观性还表现在模拟景观的完整感方面，它能够让观者通过模型来评价、欣赏景观的完整空间形式和整体环境。

2.2.2 时空性

景观模型的时空性，是为观者提供一个模拟真实环境景观的动态观赏机会。景观模型作为景观设计师的专业语言，借助于立体三维模型，使人们能够对原景观设计中的功能与形态，布局与结构，肌理和色彩，体与体，面与面，体与面，空间和环境的组合关系以及景观的各种角度和整体全貌等有更清晰全面的认识，有利于人们多角度、多层次地分析和解决景观设计中的问题。景观模型的制作代表了一种创造性构思的发展过程。

2.2.3 表现性

景观模型具有独特的表现力和完整性。景观模型的表现性体现在形象、真实和完整等各个方面。与其他表现形式相比，其形象化特点更为明显，并且始终贯穿于景观设计和表现之中；景观模型的真实性在于它是以三维的立体形式直观地反映于人的视觉之中，即使不具备专业思维和想象力的观者也可直接欣赏、评价环境景观，不必担心自己由于缺乏相关专业知识而对平面图、立面图的把握不足，以致不敢评判和研讨景观的整体设计。景观模型不但能通过视觉传递设计的内涵，还可以让观者通过触觉来体验，这就使它比平面表现图具有更强的表现力，因此在景物尚未建成之前，设计者往往通过一个模拟现实的模型给观者一个欣赏、评价的机会；模型的完整性在于它不同于只能单纯地表现景观的二维平面表现形式，模型能表现景观的整个实体空间和环境。尤其是对于投标，大型公共环境绿化，区域规划，展示说明，归档和收藏等特殊用途来说，这种立体表现形式往往是必不可少的，它为设计师、业主和审批人员带来方便。

2.3 建筑与景观模型的用途

建筑与景观模型的用途主要表现在如下几个方面。

1. 完善设计构思

在景观设计过程中，当各种平面设计构思初步完成之后，由于二维空间的局限性，图纸并不能全面反映设计整体的真实效果，为了使布局、功能、形态、构造、材料和色彩等构思更加深入和完善，往往需要制作一些三维模型来帮助推敲、修改和完善原来的设计构思，来进一步检验设计的思路与方案的可行性与方案的可信度，避免在平面设计构思、平面设计图纸上可能遗留的弊端。这种模型的表现形式比较粗略，对制作材料、工艺等方面的要求也不高，其目的是对设计构思方案进行深入研究，在设计中起到一个立体草图的作用。由于模型具有视觉实体的可视化特征，模型制作的程序、方法与过程可以对设计效果与可行性进行评估与反复推敲，因此，景观模型制作是进一步完善和优化景观设计的过程。

景观模型能充分体现三维的视觉感和触觉感。在制作景观模型过程中，特别是设计师亲自动手来制作模型，是从二维到三维的浪漫与严谨的体验。在模型制作过程中，由于形态实体与材料制作是可触摸的，设计人员可以从多种角度进行观察，关注对形态的处理，检查体积、空间、线条、色彩等搭配的不足。同时，对景观设计中二维图纸上不够合理的部分及时修正或者重新设计。如在景观规划设计中，各种景观要素之间的间距、限高、造型风格等都要有严格的控制指标，只有模型才能反映景观规划整体之间的关系。在必要时还需要做单体模型或者局部模型。

总之，在景观设计的过程中通过对模型制作的反复推敲，通过亲身感受与参与制作，可以进一步激发设计师的灵感，发现设计思路上存在的盲点，并进行优化，帮助设计师更快地使设计方案达到理想的状态。

2. 表现景观效果

改革开放以来，由于市场经济的快速发展，人们的收入水平与消费观念也有了前所未有的提高，对生活环境的要求也随之提高。房地产业炙手可热，从业人员近百万人，房地产投资规模巨大，带来了房地产销售的激烈竞争，同时也出现了一大批以制作景观模型为主的企业，因为房地产开发商和销售商越来越重视利用模型这种直观的展示效果来宣传自己的优势与特色。虽然模型的制作造价要高于效果图，但是由于景观模型是一种三维的立体表现形式，比起二维的透视效果图更具说服力，易于被人接受。现在全国各地经常举行房地产交易会，在这些展示会上，无一例外都是使用了模型来展示各自的楼盘及周边环境。景观模型的价值得到了大大的提高。设计是为人服务的，人们的接受是设计成功的最终检验。一般来讲，一个项目的设计与施工都要经过现场调研、初步设计、项目方案评审、修改、详细设计、施工这几个环节。在项目设计的过程中，很多都要进行方案公示，实体模型是向观者展示其设计特色的一种很好的方式，可以让使用者超前预想实施后的效果，同时可以以缩微的方式展现景物与环境的关系，吸引人们的参与和使用，以获取市场反应，寻求合作或投资，从而直接影响后期的使用与销售（见图2-4）。比如，目前建筑设计逐渐从注重建筑的朝向、通风、采光，转向注重外立面的艺术设计形式，由室内转向室外的相关环境、功能的配套，这些都无法从平面图上反映出来，因此立体的再现各个方面的联系是保证建筑设计成功的必备条件之一。多数房地产商利用各种群体模型展示建成后的实际效果，配合环境景观、单体建筑和室内模型作为宣传品，来展示楼盘环境、户内的家具布置和空间使用情况，使买主清楚、直观地了解到楼盘的各种情况，以促进卖楼效益，效果极佳。模型是设计师与业主之间进行交流的重要工具之一，模型中逼真的色彩与材料、仿真的环境氛围、建筑空间的比较和模型细部的装饰，都为设计师提供了最有力的表现方法。

图2-4　缩微展示景物与环境范图

随着设计行业的竞争日趋激烈，模型对于建成后的效果的把握成为设计师与业主之间进行交流的重要手段。将模型赋予逼真的色彩和材料，模拟真实的环境氛围，为设计提供了最有利的表现方式。模型不但能把设计师的设计意图准确、完美地表达出来，还能通过展示来传递、解释项目的设计思路，沟通甲方（开发商）、买主、行政规划部门及设计师之间的品评、审度、联系与交流，使建设管理单位、审查单位等有关方面对设计的综合效果有一个比较真实的感受和体验。

3. 指导施工

在比较复杂的设计中，往往有一些景物要采用比较复杂的构造或者比较独特的效果，而施工单位在平面图、立面图上不容易看懂或者容易发生误会，由此，往往要采用实体模型的方式来展示设计的特点，以便施工单位按照设计意图进行施工。模型这种直观的表现，对于施工有良好的指导作用。

4. 降低风险

景观模型制作是设计过程中的重要环节之一，可以把设计风险降到最低，对于把握设计定位、施工生产具有实际意义。

景观模型制作可以有效地缓解设计与施工之间的矛盾。新设计定位的方案可以通过三维模型效果来检测其中可能出现的问题，可以极大程度地避免损失，减少风险。同时为进一步降低风险与提高竞争，对于精品项目进行模型制作，为企业的宣传发挥了积极作用，有助于客户了解企业的工作业绩和设计实力，通过模型的表现使企业以最小的风险来获取最大的市场效益。

5. 提高学习效果

对建筑系结构专业的学生而言，有必要通过制作专业的结构模型来做应力试验或结构的强度试验、抗震试验等，以研究各节点在特殊情况下的受力情况。

对景观、园林、环艺专业的学生来讲，尽量自己动手制作模型，是培养空间概念、增强感性认识、提高动手能力的重要一环。学生通过对自己设计方案进行模型制作来进一步推敲和完善设计方案，有助于提高学生的学习兴趣和学习效果（见图2-5）。

图2-5　学习型模型范图

2.4 景观模型的类型

景观模型的种类很多,根据用途和制作工艺,模型有两种不同的分类方法,不同的分类方法适用于不同的用途和场合。很难从一个角度对模型进行全面的分类归纳。在观察主题时,模型不仅是辨别和分析的工具,而且是形式和形式间的关系的发展和应用。

从设计过程的角度:概念模型、扩展模型、终结模型。

从表现形态的角度:地形学模型(见图2-6)、建筑主体模型、电脑制作模型。

从用途的角度:研究模型、工作模型、设计模型、施工模型、展示模型、销售模型、报建模型、招投标模型、科学实验模型。

从内容的角度:建筑模型、小区模型、城市模型、家具模型、工业模型(见图2-7)、车船模型、港口码头模型(见图2-8)、景观模型(见图2-9)、室内模型(见图2-10)、桥梁模型。

图2-6 地形学模型范图

图2-7 工业模型范图

图2-8 港口码头模型

图2-9 景观模型

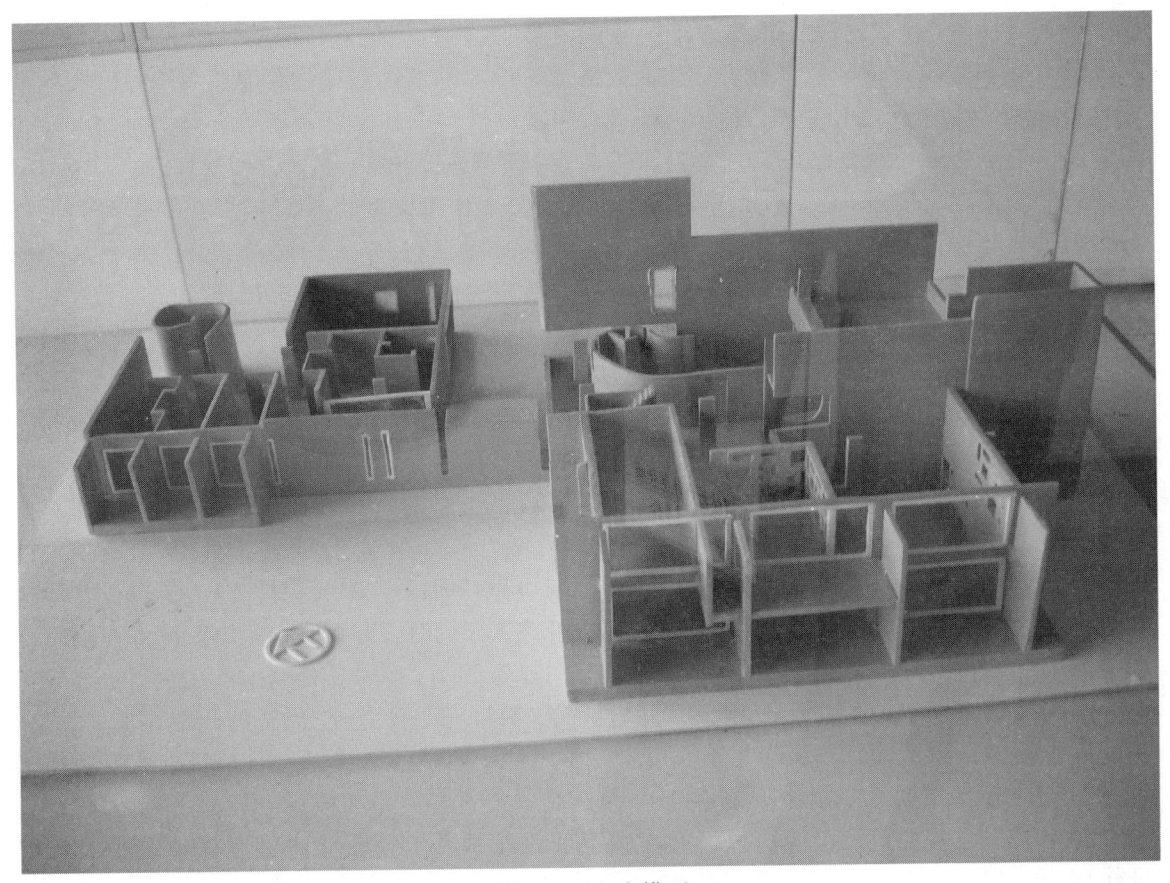

图2-10 室内模型

从时代的角度：古建筑模型、现代建筑模型（如现代建筑模型又可以分为工厂模型、住宅模型、别墅模型、写字楼模型、商场模型）、未来建筑模型。

从制作工艺的角度：电脑制作模型（CAM）、手工制作模型、机械制作模型。

从材料的角度：石膏模型、黏土模型、纸质模型、胶片模型、木质模型、有机玻璃模型、吹塑模型、复合材料模型。

尽管模型的种类很多，但是在实际工作中人们还是经常对景观模型按用途与材料两方面进行分类。

2.4.1 按景观模型的用途分类

按其表现形式和最终用途，模型一般可分为构思模型、展示模型和特殊模型三大类。无论哪种类型的模型都是平面向立体的转化，即把图纸上的平面、立面垂直发展为三度空间形体来形象地表达设计师的思想。

1. 构思模型

构思模型又称"工作模型"，也可叫"方案模型"。构思模型是景观设计的一种手段和过程。它以建筑与景观要素单体的加减和群体的组合、拼接为手段来研究设计方案，相当于完成设计的立体草图,只是以实际的制作代替了用笔绘图,其优越性显而易见,应该被建筑师、景观设计师和室内设计师所掌握。构思模型是景观设计师继续深化的构思,是使构思成熟的重要手段。主要用于设计过程中的分析现状、推敲设计构思和论证方案可行性等环节,对于完善设计构思有着不可低估的作用。要熟练地掌握这类模型的制作方法,除了必须了解、掌握相关的工艺过程之外,还必须亲手制作一定数量的"构思模型"。构思模型在制作时间上并不比画一幅透视图所花掉的时间多,具有朴实无华的特点,经常采用简单的方法和易加工的材料快速加工而成。它们并不要求很高的精度、漂亮的色彩,也不要求很详细的立面,只要求整体的基本立面效果。其目的是为了在整个设计构思中帮助设计师们完成准确无误的构思,起到一个立体草图的作用。

构思模型是设计师的一种工作模型。这类模型多种多样,由于设计是一个非常复杂的过程,在设计的不同阶段或者对于某个结构复杂的物体部位,往往需要可视性极强的立体的结构和形态来验证和完善设计构思。因此,在设计的不同阶段都可以根据不同的需要和要求,制作有特定用途的"构思模型"。比如,做某一建筑设计时可做"体块模型"(见图2-11),在分析结构时可做"框架模型"(见图2-12),在推敲内部空间时可做"内视模型"(见图2-13),在设计群建筑时可做"沙盘模型"(见图2-14);又如,在分析整体布局时,方案模型便于设计师在构思过程中探求空间的变化和实体的加减以及实体与实体、空间与空间、实体与空间的关系,推敲它们之间的尺度、比例和对应关系,以便掌握材料的选择、工具的使用、质感的处理等基本方法。

构思模型是景观设计师为了继续深化景观构思手段而使用的模型,因而制作深度根据侧重面不同而有所不同。一般主要侧重于内容,对于工艺、色彩、质感和肌理等形式方面的要求并不高。虽然如此,这种构思模型在帮助设计师逐步完善设计方案方面有着很大的促进作用。

图2-11　体块模型范图

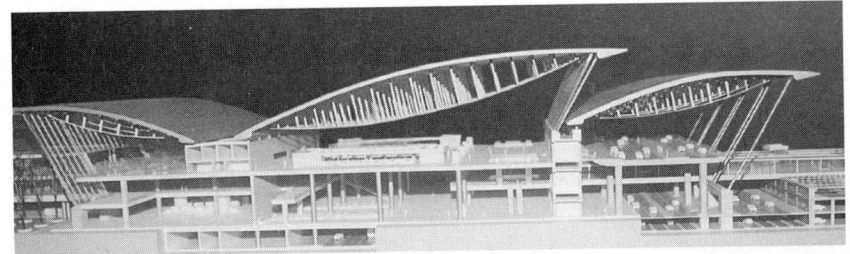

图2-12　框架模型范图

图2-13　内视模型范图

图2-14　沙盘模型范图

2. 展示模型

展示模型是模型的一种重要类型,它给人们带来直观地观看和评赏模拟景观的机会,是设计师在完成设计后将方案按一定比例微缩后制作而成的一种模型。

展示模型作为景观设计的重要表现方法,具有直观性的突出特点和独到的表现力。这类型模型的设计制作不同于构思模型,是以设计方案的总图、平面图、立面图为依据,按适宜比例微缩得十分精确。其材料的选择、色彩的搭配等也要模拟真实的景物,根据原方案的设计构思,适当进行艺术加工处理。在制作方面要求精细、质感强、色彩和谐统一,以达到真实、形象、完整和艺术的效果(见图2-15)。展示模型是近年来流行的为宣传都市建设业绩、房地产售楼说明所用的模型。比如大型房地产交易会上常见的模型,这类模型做工非常精巧细致,和谐明快的色彩,引人注目的灯光,形成强烈的视觉冲击力。因此个性化地通过模型表现产品,是强化销售、突出个性、吸引顾客的重要手段。

图2-15　展示模型范图

展示模型不是单纯地依图样复制,把图纸上的意图和方案转化为实体和空间,同样是一种艺术再创造。这一创造是否成功,关系到能否准确无误地表现景观设计的外在形式,对环境的构思以及建筑环境的格调。景观模型主要用途是在各种场合下展示设计师的最终设计成果,适用于建筑报建、投标审定、展示、施工参考、归档和收藏等,有长期的使用和保存价值。

3. 特殊模型

特殊模型是指特殊用途、特殊功能和特殊材料制作的模型，其特点是综合性强、设计制作工艺极为复杂。除了要用材料表现模型的外观外，还要根据需要利用电子、机械及现代化装饰艺术手段，使模型具有发光、发声、喷泉、流水、行车等动态景象，还配有自动控制与声光同步显示等特殊功能。这种模型适用于特殊场所，如重要区域规划、厂矿、军事、科研基地、场景道具等。

2.4.2 按景观模型材料分类

景观模型从制作材料上来分，一般大致分为石膏模型、橡皮泥模型、纸质模型、木质模型、有机玻璃模型、吹塑模型、胶片模型、玻璃钢模型、复合材料模型等。

1. 纸质模型

纸质模型是利用各种不同厚度和不同质感的纸张，经过剪、刻、切、粘、拼、喷、画等手段做成的，适宜设计构思的训练和短期展示模型的制作（见图2-16）。因其造价低廉、极易加工、粘接容易、质感较好。现代造纸工业的发达，给纸质模型的发展带来了良好的前景。各种卡纸、墙纸、玻璃纸、布纹纸、镭射卡纸、彩虹纸、水彩纸、瓦楞纸、牛皮纸以及各种装饰用纸的出现和利用，使纸质模型的质地、色彩和纹理日新月异，是模型制作最得心应手的材料。纸质模型是学生们在学校完成作业时应用最多的得心应手的制作材料。但缺点是纸质模型遇潮湿时易变形、不宜长期保存。

图2-16 纸质模型范图

2. 木质模型

木质模型是20世纪80年代前被广泛采用的一种模型制作形式。主要采用木块与胶合板制作，用一般木工工具就可以加工，但工具和工艺要求精细，有的还在精雕细刻后喷涂颜料。这种模型还可以在表面装贴各种仿真质量的材料，由于完成之后真实感强，与建成的建筑十分相像。适宜结构分析和艺术欣赏使用，但加工时间长，费时费工，现在已很少有人采用（见图2-17）。

图2-17　木质模型范图

3. 有机玻璃模型

有机玻璃板又称亚克力板，是一种丙烯酸合成塑料。有机玻璃模型是20世纪80年代末开始流行的，其具有一定强度、材质高档、色彩丰富、表面光洁，有透明和不透明的彩色板材。其色彩极多，色泽鲜艳，易于手工、机械和电脑加工来进行割、锉、刨、锯、钻、磨和涂饰等工艺处理，加温软化后可以弯曲变形。这种模型高雅华贵，姿态挺拔，轮廓清晰，质感强，可得到十分精细、逼真和高档的效果，因而被人们所重视（见图2-18）。随着有机玻璃产量、品种的不断增加，1mm厚的有机玻璃目前已被人们广泛用来制作模型，但它造价高，在很大程度上作为投标、长期展出和收档存查等重要场合使用。有机玻璃模型目前已被广泛采用，尤其在一些大型的建筑项目和投标的景观设计中受到普遍的重视。

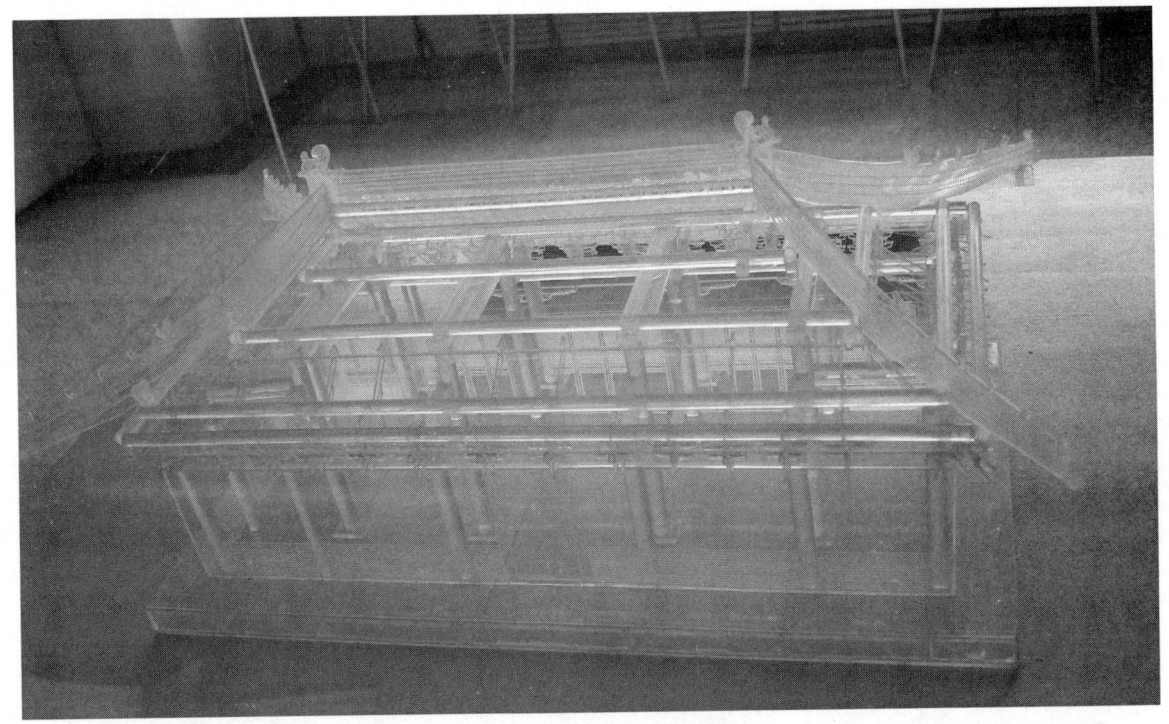

图2-18　有机玻璃模型范图

4. 吹塑模型

吹塑模型采用吹塑脂材料，如吹塑纸、吹塑板、苯板等制作，具有质地松软、色彩柔和、加工比有机玻璃容易，造价也便宜。但效果一般，精度不如前者。在20世纪80年代中期是被广泛采用的一种模型表现形式，但其质感不强、不易保存，适宜一般的投标项目、临时展出和上级审批等短期性的工作使用，不适宜制作长期使用的模型。随着人们生活水平的不断提高，要求也越来越高，此种模型已逐渐被淘汰。

5. 胶片模型

胶片模型是目前刚刚兴起的并有广阔前景的模型表现形式，常采用PVC胶片和压力克胶片制作。有些品种的胶片还具有玻璃幕墙、透光镀膜镜面等视觉效果。耐腐蚀，色彩与光泽度好，且坚硬、光滑，易于加工成型。

6. 复合材料模型

现代的环境艺术模型的设计与制作，一般都采用多种材料复合制作而成。如在卡纸上复贴一层印有砖纹、石纹、水纹、木纹的薄膜的纸塑复合材料，在透明有机玻璃片下印有花岗石纹和木纹的仿花岗石板材等（见图2-19）。

7. 发泡塑料模型

发泡塑料质地柔软极易加工和修改，制作快，价格低廉，适宜实体和区域规划模型使用（见图2-20）。

图2-19　复合材料模型范图

图2-16　发泡塑料模型范图

除上述几种材料外，其他模型材料如**石膏**、**橡皮泥**、**不锈钢板**等，或因质感不强或不易加工等原因而不被广泛采用。无论是哪种材料模型，在制作选材时都不是只用一种材料，而是要选配其他材料辅助制作。模型的表现形式也不是固定的几种，设计制作者完全可以根据需要综合选定一种适合表现自己设计意图的模型，选择既经济、快速、加工方便，又效果良好、表现精美、富有时代感和装饰效果的模型。

【本章小结】

本章详细阐述了模型的概念、景观模型的特征及用途。从不同角度分析了模型的各种分类方法和具体类型，以几种常用的典型模型为例，分析其不同作用和适用范围。

【思考与练习】

1. 简述建筑与景观模型的概念。
2. 建筑与景观模型的特点是什么？
3. 建筑与景观模型有哪些用途？
4. 建筑与景观模型有哪些类型？

第3章
建筑与景观模型制作工具

本章重点
- 基本设备及其使用
- 剪裁、切割工具及其使用
- 打磨修整工具及其使用
- 测绘工具及其使用
- 钻孔工具及其使用
- 辅助工具及其使用

3.1 概述

任何造型艺术都离不开对工具的选择和使用,一般就制作概念模型、扩展模型而论,只有能够满足绘图、测量、切削、雕刻这几项主要操作的工具即可工作。因此,制作模型所使用的工具也应随其制作对象的内容来选择。在模型制作中,对于重要的材料都有特定的工具,而选择使用工具显得尤为重要。

模型制作工具是制作模型所必须的器械。随着科学技术的发展,模型制作的材料种类繁多,因而制作的技术也随之不断变化,从而使得工具在模型制作中的重要作用也日益显现出来。

模型制作的工具应随其制作物的变化而进行选择。从某种意义上来说,设备和工具的拥有量影响和制约着模型的制作,但同时又受到资金和场地的制约。总之,制作模型时应注意以下几点。

3.1.1 适合模型制作的工作场所

我们希望模型能够依照自己的设计考核和研究来制作。所以,在较早的时候应该设置一个适合模型制作的工作场所(见图3-1至图3-3),空间不可被局限住,一个有着锋利的工具和精良的设备但却被限制的工作空间将会很快导致危险状况的出现。在工作中我们也应该考虑到,一些易燃材质和溶剂在模型制作时常常伴随的噪声、灰尘和气味等对周围人的影响。

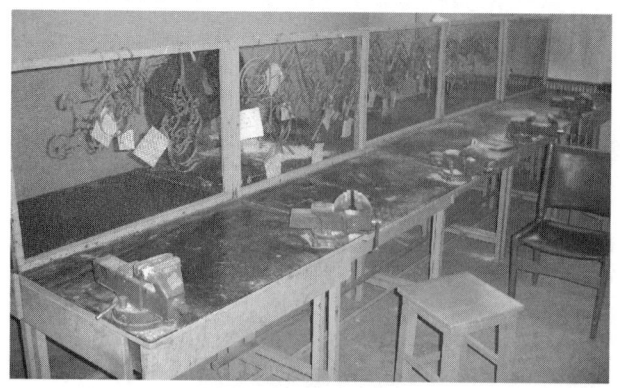

图3-1 模型工作台

图 3-2 模型制作场所（1）

图 3-3 模型制作场所（2）

简单的模型制作工作场所除了必要的工作空间外，还有包括材料摆放柜、存放工具的滑动架、切割平台、画线台、台式虎钳、画笔插座、剪刀、粘接剂、小型机械设备、电线、给配电照明等。

3.1.2 良好的水、电、风、光条件

一般说来，模型制作的环境必须拥有良好的采光和通风条件。应该具备足够的安全的电源插座（在工作室中安装主要开关和防卫措施），有冷水和温水的龙头，以及在近处的结实的洗手台，这些都是必备的。

3.1.3 材料与工具摆放要有序

物件存放混乱是不能激发创造热情的,相反这是一种妨碍。操作台一定要保持干净,操作台不要堆放杂物。

3.1.4 完善的安全设施和显眼的安全警示

普通的工作规则和安全规则一定要用显眼的方式张贴在墙壁、桌台、橱柜等处,要安置好急救箱(壁橱),并在显眼位置安置灭火器。操作者务必要认真阅读制作者的提示和工作场所的警示及规定。

使用工具应该注意安全。在切割、削尖时,尤其是使用快速运转的机器时都要注意到可能受伤的危险,同时小小的一滴血液可能破坏整个模型,而手指上缠着创可贴也会干扰刀工作。然而,初学者往往经常低估模型工具和模型机器的危险性,只是因它们比较小,比起大型的木工机器显得不那么危险。虽然护目镜和呼吸防护面罩有时也会妨碍到工作,但假若一不小心让碎片崩到眼睛里,是有可能造成永久性伤害的;研磨所产生的灰尘会刺激眼睛和呼吸道,可能因此造成气喘;溶剂(稀释)的蒸汽烟雾也可能危害人们的健康,而有些溶剂甚至是可以爆炸的。因此工作的环境必须保持通风,且工作者不能吸烟。某些时候在融合两种不同组合粘接剂时的反应是很激烈的,而薄薄的手套能够使这些东西不会接触到皮肤。

3.2 基本设备及其使用

工作台案是制作模型必备平台。对于一般模型制作,如有条件可建立必要的模型工作室,至少应搞几个方便工作使用的模型工作台。一般习作性模型、研究性模型均可在这种环境中进行。但是,对于较大规模的展示模型,则必须建立相应的模型工作室和长期固定使用方便的大小工作台案(见图3-4)。

图3-4 工作台

3.2.1 安全底板

刀尖不伤底板且可防滑,留下的切痕也不明显。板的表面画有5cm的方格线(见图3-5)。底板既有弯曲后可复原的软质型,也有质地较硬的经装饰过的硬质型,颜色呈绿色。

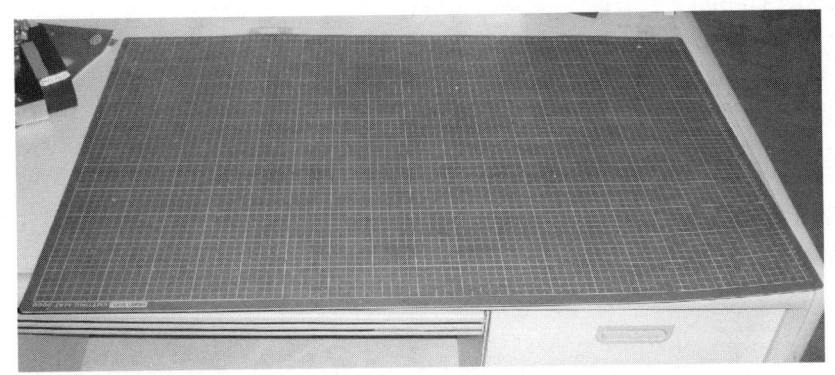

图3-5 安全底板

软质型 SM2000:300mm × 450mm,厚度3mm。
软质型 SM3900:450mm × 620mm,厚度3mm。
软质型 LM7000:620mm × 900mm,厚度3mm。
硬质型 SS1000H:220mm × 300mm,厚度3mm。

3.2.2 雕刻底板

可在半透明的底板上进行切割。切割时不伤害台面。底板表面有1mm的小方格,M尺寸的底面上标有 A6—A3,B6—B3,及1页报纸大小的导向线和尺寸,用途广泛。

S:300mm × 450mm,厚度3mm。
M:450mm × 600mm,厚度3mm。
L:620mm × 450mm,厚度3mm。

3.3 测绘工具及其使用

模型制作时,应先对所制作的对象进行必要的测量和绘图,并在实际制作时,严格按等高线去切割所有层高。对建筑物则应按比例严格绘图。这是一项事半功倍的做法。在模型制作工程中,按要求则有不同的精度分类。对于一般的模型制作而言,从实际效果上讲有0.1mm的精度就够了,因为还要考虑其经济性、成本、效率之间的关系。但配合其他严密的工作,材料的质地又很硬,则精度要求比较高。

具体做法有两种:一是通过概念模型、扩展模型对方案的尺度确认后,并且在模型所用的材料上缩比划线绘图后,可动用工具来进行切割制作。还可直接在电脑雕刻软件上制图并通过机器直接切割完成。

常用测绘主要工具有:比例尺、直尺、三角板、丁字尺、卷尺、弯尺、蛇尺、游标卡尺、圆规和分规、模板、画线工具和计算器。

3.3.1 比例尺

也称三棱尺，是测量、换算图纸（放大或缩小实际尺寸）比例尺度的主要工具。其测量长度与换算比例多样，使用时应根据实际情况进行选择。百分比例尺分1∶50、1∶100、1∶150、1∶200、1∶250、1∶300、1∶500等规格，千分比例尺有1∶1000、1∶2000、1∶5000等规格。也有多功能比例尺。三棱比例尺又能作定位尺，在对稍厚的弹性板材作60°斜切割时非常有用。

3.3.2 直尺

直尺是画线、绘图和制作的必备工具。一般分为有机玻璃尺、不锈钢直尺两种材质。其常用的长度有300mm、500mm、1000mm或1200mm几种。不锈钢尺由于其耐磨、耐腐蚀、不怕划等特点，在模型行业中应用较多（见图3-6、图3-7）。

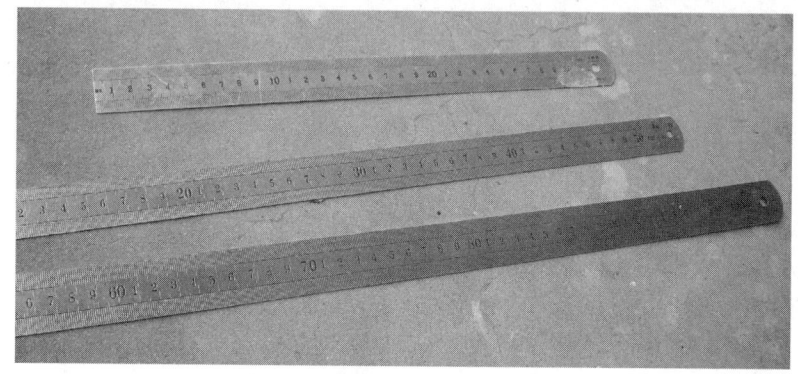

图3-6 直尺（1）

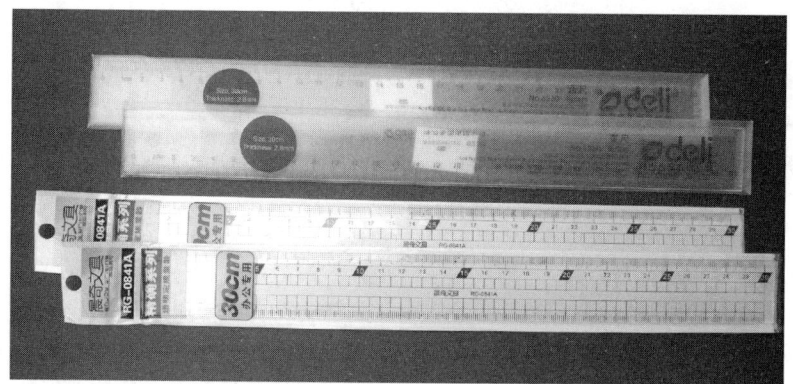

图3-7 直尺（2）

3.3.3 三角板

三角板是用于测量及绘制平行线、垂直线、直角与任意角的量具（见图3-8）。一般常用的是300mm。三角板由两块组成一付，其中一块是两锐角等于45°的直角三角形，另一块是两锐角各为30°和60°的直角三角形。三角板与丁字尺配合使用，可以画出竖直线及15°、30°、45°、60°、75°等倾斜直线及它们的平行线。两块三角板互相配合，可以画出任意直线的平行线和垂直线。

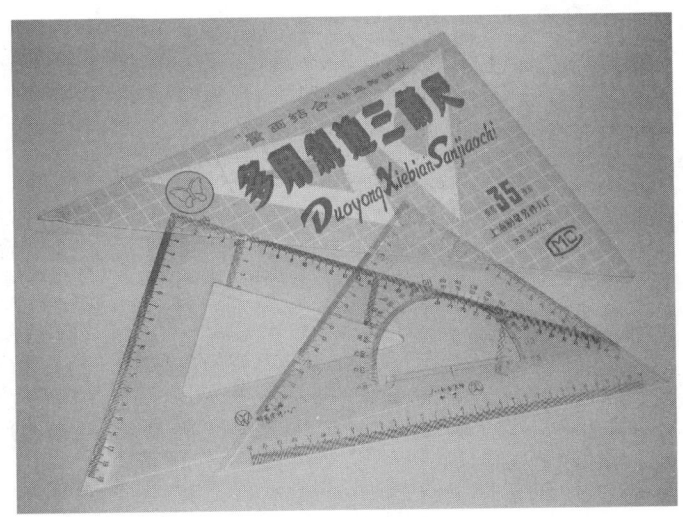

图3-8 三角板

3.3.4 丁字尺

丁字尺用于测量及绘制平行线、长线条和辅助切割的工具，尺身多为透明的有机玻璃。通常用非工作边来裁切。丁字尺由尺头和尺身组成，尺头与尺身固定成90°角。常用的是900 mm和1200 mm规格的。

3.3.5 卷尺

卷尺用于测量较长的材料。一般选用3m或5m长卷尺，以便携式纲卷尺为宜，用于底盘及面罩制作（见图3-9）。

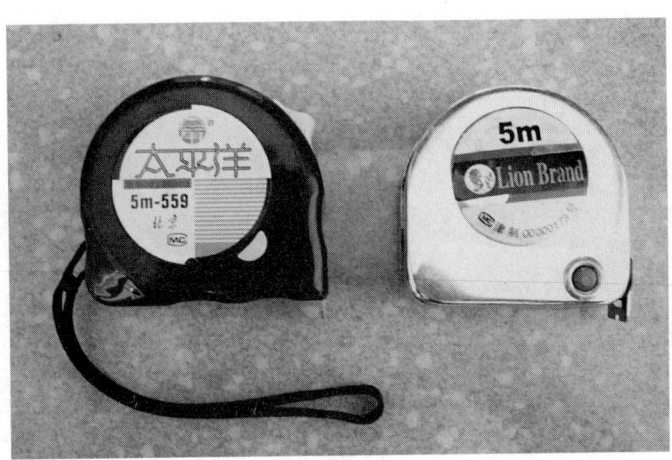

图3-9 卷尺

3.3.6 弯尺

弯尺是用于测量90°角的专用工具。尺身为不锈钢材质，测量长度规格多样，是模型制作中切割直角时常用的工具（见图3-10）。

图3-10 弯尺

3.3.7 蛇尺

蛇尺是一种可以根据曲线的形状任意弯曲的测量、绘图工具。质感为橡胶状,尺身长度为300 mm、600 mm、900 mm等多种规格。

3.3.8 游标卡尺

游标卡尺是用于测量加工物件内外径尺寸的量具。同时,它又是在软质类材料上画图的理想工具。其测量精度可达±0.02mm,一般常用的有150mm、300mm两种量程。

3.3.9 圆规、分规

圆规是用于测量、绘制圆的常用工具(见图3-11)。常用的有一脚是尖针,另一脚是铅芯和两脚均是尖针的圆规。后者经常用于等比的分割划线,也称"分规"。

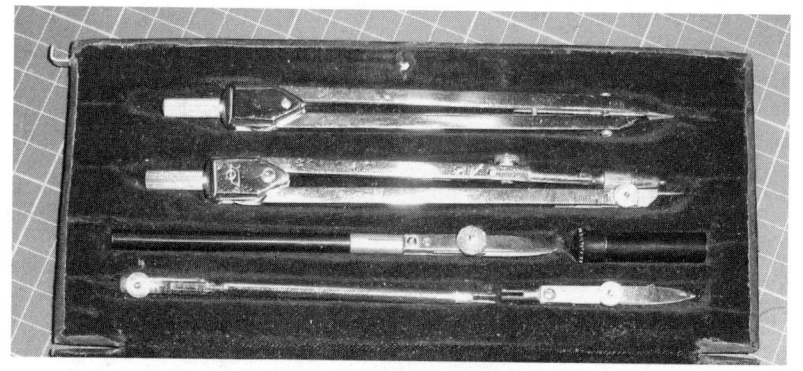

图3-11 圆规、分规

3.3.10 模板

模板是一种测量、绘图的工具。它可以测量、绘制不同形状的图案,主要有曲线板、绘圆模板、椭圆模板、建筑模板、工程模板等(见图3-12)。

图3-12 模板

3.3.11 画线工具

用于在各种材料上画线或写记号。应该根据材料的质地和颜色的不同进行选择。如材料是浅色用深色笔，反之则用浅色笔。

特种铅笔包括玻璃铅笔、陶瓷铅笔等，可在胶片、有机玻璃片上划线作记号。

鸭嘴笔是画墨线的工具。

3.3.12 计算器

计算器用以尺寸计算、比例缩放计算等。

随着电脑雕刻机的应用，一些尺寸数据一般都在电脑上直接设定，所以在现代模型制作艺术中，靠人的手、眼来把握精度的成分已经越来越少，有些工具已不常用。但要提醒的是，在使用一些测绘工具时要注意是否变形、是否准确等，以免影响质量。它直接影响着模型测绘的精确度。在选择测绘工具时，要注意刻度的准确性，减少累计误差，避免在实际制作过程中因测量精度不准确而引起的返工。

同时模型制作者还应该注意的是，测绘工具和制作工具应严格区分。这样便可以减少因裁剪的磨损而引起直线弯曲、焦度不准等问题。

3.4 剪裁、切割工具及其使用

3.4.1 剪裁、切割工具

剪裁、切割贯穿模型制作过程的始终。为了满足制作不同材料的模型，一般应具备如下一些剪裁、切割的工具。

1. 美工刀

美工刀又称墙纸刀（见图3-13），主要用于切割墙壁纸，在制作模型时可用来切割卡纸、吹塑纸、发泡塑料、苯板、即时贴、各种装饰纸和薄型板材。刀片可收入刀柄，用时推出。当刀刃不快时可依刀片的斜痕，用刀柄尾部的插卡折断用钝了的刀片段后再继续使用。

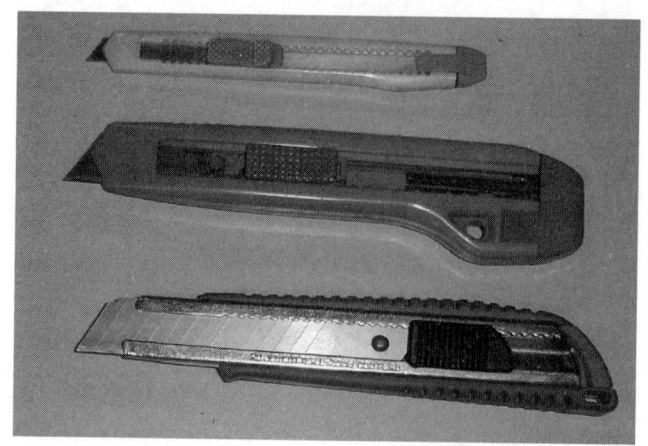

图3-13　美工刀

2. 钩刀

钩刀是切割各种有机玻璃、压力克板、胶片、防火板、塑料类板材的专用工具，因其刀片呈回钩形而得名（见图3-14）。刀片有单刃、双刃、平刃三种，它可以按直线和弧线切割一定厚度塑料板材。同时，它还可以用于平面划痕。钩刀刀片可以更换，备用刀片存于刀柄之中。用钩刀钩割1mm～3mm厚的塑胶材料时，只需用钢尺辅助，下划胶片1/3深度后，将刀片割线居于桌边，一手将其按下固定，另一手用力下压即可。

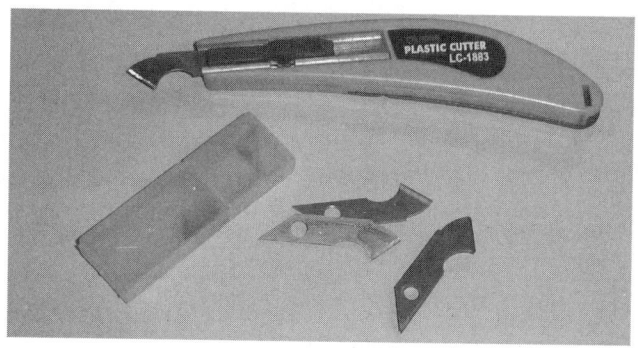

图3-14　钩刀

3. 手术刀

手术刀是用于模型制作的一种主要工具，刀刃锋利，广泛用于即时贴、卡纸、赛璐珞、发泡板、APS板、航模板等不同材质、不同厚度材料的切割和细部处理。尤其是建筑门窗的切、划离不开手术刀。手术刀的规格品种较多，有圆刀、尖刀、斜口刀等。切划门窗一般用3号刀柄11号斜口手术刀比较理想，切划弧线则用圆口手术刀比较方便。

手术刀使用应顺刀口方向呈45°角和握笔姿态切、划。

4. 剪刀

剪刀是剪裁各种材料的必备工具。剪刀是常用于剪裁纸张、双面胶带、薄型胶片和金属片的工具，一般须备有医用剪刀、大剪刀和小剪刀3种。剪刀的选用要注意刀口锋利，铰接松紧适当。不可以使用白铁剪来剪金属线，因为这样容易造成小缺口，之后将无法完成干净利落的切割。

5. 单、双面刀片

单、双面刀片是刮胡须用的刀片（见图3-15），刀刃最薄，极为锋利，是切割吹塑纸等薄形材料的最佳工具。但不宜切割较厚的苯板材料，双面刀片又太软，难以操作。

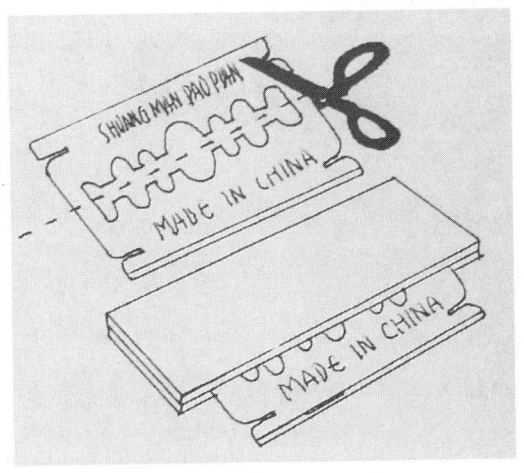

图3-15　单、双面刀片

6. 45°切刀

45°切刀是用于切割45°斜面的一种专用工具。主要用于纸类、聚苯乙烯类、APS板等材料的切割，切割厚度不超过5mm。

7. 切圆刀

切圆刀与45°切刀一样，同属于切割类专用工具。切圆刀与45°切刀的切割材料范围相同。

8. 木刻刀

木刻刀有很多种，一般选用平口刀和斜口刀两种，用于刻字或切割薄型的塑料板材（见图3-16）。

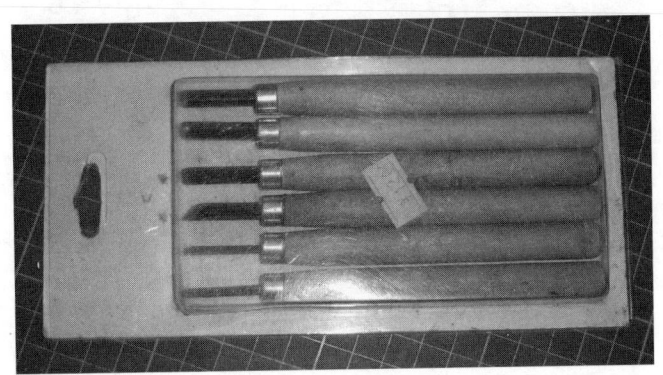

图3-16　木刻刀

9. 线锯床

线锯床主要用于切割有机玻璃、胶片、软木、薄板和金属片的曲线和弯位。锯片小细,可快速转弯。线锯床可配用不同锯片(见图3-17)。

图3-17 线锯床

10. 雕花锯

雕花锯用于精细地切割曲线及弯位,构造与线锯床相似,但配用的锯片比线锯床稍粗。可锯切胶片和薄金属片,多用于制作模型中的建筑装饰浮雕、围墙等。

11. 手锯

手锯有木锯、板锯、钢锯和线锯,主要用来切割线材与人造板材。木锯背有一条线弓,控制锯片松紧,不易弯曲,用来锯割木料横切面较理想;板锯用来锯人造板材及有机玻璃;钢锯用来锯割金属材料(如铝合金和不锈钢);线锯用来锯割曲线与弯位。

钢锯,又叫钢丝锯(见图3-18),有金属架钢丝锯和竹弓架钢丝锯之分,但性能是一样的。钢丝锯的锯条是用很细的钢丝制成的,由于锯料时的转角小,锯口也很小,故能随心所欲地锯出各种形状或曲线形。钢丝锯还是锯割有机玻璃材料的理想工具。

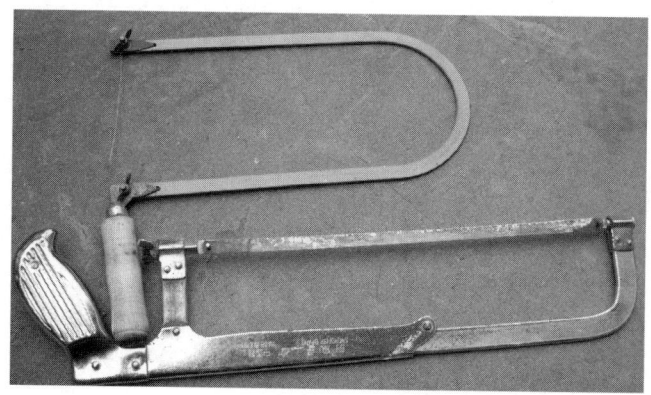

图3-18 手锯

钢锯适用范围较广，锯齿粗细适中，细锯条在使用中可任意转向，切割速度快，使用方便。可以切割木质材料、塑料类、金属类等多种材料，是材料粗加工过程中的一种主要工具。

12．电动手锯

电动手锯是切割多种材质的电动工具。该锯适用范围较广，在使用中可任意转向，切割速度快，是材料粗加工过程中的一种主要工具。

13．电动小台锯

电动小台锯也是切割有机玻璃、木板等多种材质的电动工具（见图3-19、图3-20）。

图3-19　电动小台锯（1）

图3-20　电动小台锯（2）

14．电热切割器

锯切吹塑纸、苯板的工具称电热锯，可以自制（见图3-21）。它可以根据制作需要进行直线、曲线、圆及建筑立面细部的切割。操作简便，是聚苯乙烯类模型必备的切割工具。

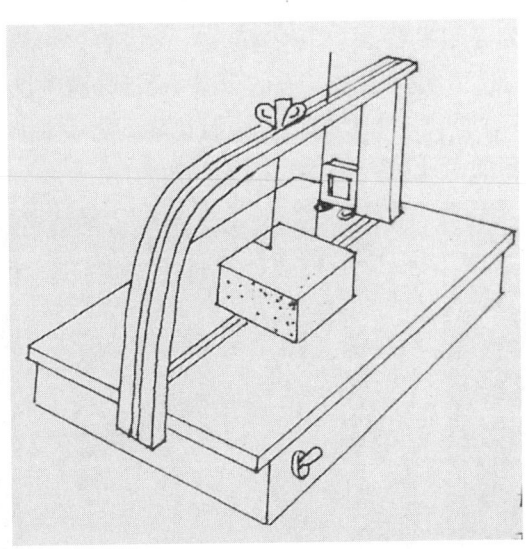
图3-21　电热切割器

练习3-1 如何使用电热切割器

1. 选购交流电220V输入、6.3V输出、50W以上功率的控制变压器一个,电源开关一个,6.3V指示灯罩一个,扬琴钢弦或电阻丝一个(50cm~70cm长),9mm厚夹板或木板一块,40mm×40mm×400mm木方两条,木工用直径8mm锯钮一个,8mm内径弹簧一个,直径3mm螺丝一个,电线、电线夹及电源头一套,将上述材料安装,接通即可使用。

2. 切割时可先看扬琴弦(或电阻丝)热量,不够可剪短些。

15. 电动曲线锯

电动曲线锯俗称线锯(见图3-22)。是一种适用于木质类和塑料类材料切割的电动工具。在使用的时候可根据需要更换不同规格的锯条,加工精度较高,能切割直线、曲线及各种图形,是较为理想的切割工具。其缺点是锯条易断、需二次加工。

图3-22 电动曲线锯

16. 电脑雕刻机

电脑雕刻机制作模型的专用设备。它与电脑联机,可以直接将模型的立面及部分的三维构件一次性雕刻成型,是目前模型制作中最先进的设备。雕刻机有机械式(见图3-23)和激光烧灼式(见图3-24)两种,各有所长。如果相同台面做比较,后者要贵些,其质量取决于激光发生器和机械式雕刻机相配套的专业磨刀机(见图3-25)。

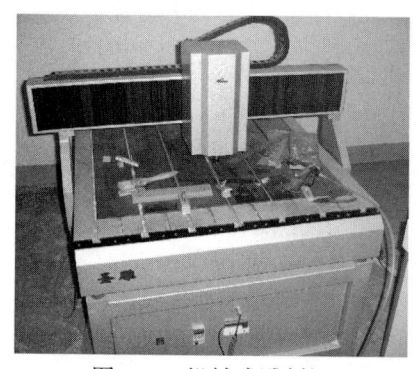  

图3-23 机械式雕刻机　　图3-24 激光烧灼式雕刻机　　图3-25 专业磨刀机

3.4.2 常用剪裁、切割工具的使用

练习 3-2　如何用钩刀切割材料

钩刀是切割有机玻璃板、ABS工程塑料板和其他塑料板材的主要工具。

① 在材料上画好线，用尺子护住要留下材料的一侧，左手扶住尺子，右手握住钩刀的把柄，用刀尖轻刻切割线的起点，然后力度适中地用刀尖往后拉，反复几次直至切割到材料厚度的2/3左右再折断。

② 每次钩的深度约为0.3mm左右。

练习 3-3　如何用双面刀片切割材料

双面刀片刃最薄、最锋利，是一些要求切工精细时使用的工具。但是双面刀片难以操作。

① 可用剪刀将刀片剪成所需的小片，再用薄木板或塑料板做个夹柄将刀片镶好后再使用。

② 双面刀片使用时既安全又灵活，是切割精细薄型材料的理想工具。

练习 3-4　如何用钢锯加工异形的部件

钢锯有金属架和竹弓架两种，是在各种板材上任意锯割弧形的工具。

① 竹弓架的制作是选用厚度适中的竹板，在两端钉上小钉，然后将小钉折成小钩，再在一端装上松紧旋钮，将锯丝两头挂环在竹板的两端即可使用。

② 使用时，首先将要锯割的材料上所画的弧线内侧用钻头钻出孔，再将锯丝的一头穿过孔去挂在另一端的小钉上，按照所画弧线内侧1mm左右进行锯割，锯割沿上下方向进行。

练习 3-5　如何用电热切割器切割较厚的软质材料

电热切割器一般用来切割聚苯泡沫塑料、吹塑或弯折塑料板等。一般是自制的，由电源变压器、电热丝、电热丝架、台板、刻度尺等组成。

① 打开切割机电源，指示灯亮，电热丝（扬琴弦）发热。

② 将欲切割的材料靠近电热丝并向前推进，材料即被迅速割开。

练习 3-6　如何用电动圆盘锯割机切割较厚的硬质材料

电动圆盘踞割机一般是自制的，适用于不同长度有机玻璃切割。它是由工作台面、电动机、带轮、锯片、刻度尺和脚踏板组成。

① 切割前，先让锯片空转，再将有机玻璃放置平稳并靠向齿轮锯片进行切割。

② 因这种工具比较危险，所以在工作前一定要穿好工作服和带好工作帽，不能带手套。在切割时，一定要注意安全操作，最好自制辅助工具推送材料。

练习 3-7　如何用钢锯切割金属、木质和塑料板材

钢锯适用于锯割铜、铁、铝、薄模板及塑料板材等。锯割时要注意，起锯的好坏直接影响锯口的质量。

① 为了锯口平整和准确，握锯柄的手指应当挤住锯条的侧面，使距条保持在正确的位置上，然后起锯。

② 施加压力要轻，往返行程要短，这样就容易起锯。起锯角度稍小于15°，然后逐渐将

锯弓改至水平方向，快锯断时，用力应轻，以免碰伤手臂。

练习3-8 如何使用电脑雕刻机

电脑雕刻机是科技发展的产物。计算机技术的迅速发展，使得当今的建筑师可以借助于计算机这种高科技工具快速、精确地制作实体模型，这种计算机实体模型的制作系统一般由绘图和制作两部分组成。

1 使用时，首先用计算机绘图的方法建立实际方案的电脑三维模型，然后将该模型的数据输送到联机的电脑雕刻机上，再将大小相宜的塑料板材平整地用双面胶粘于工作台面上，启动雕刻机，计算机可以控制雕刻机自动将模型的各个细节部分割出。

2 这种系统属于CAD/CAM技术，一般需要有专门的软硬件支持。必须按照说明书和软件说明书来操作。

在圆锯、磨光机械和桌上型设备工作时，除了普通的工作、安全规则外，还要切记以下注意事项。

（1）机械桌一定要保持干净，切勿堆放杂物。锯片、磨光片和钻孔备用物一定要锐利。在更换锯片的时候要切断电源。

（2）精心选材。决不能够在废木中有钉子或是螺丝，甚至是破坏作品的石头或沙粒。较大的厚木块应尽可能地请专业人员切割，以便我们能在工作台的机械上安全地制作。

（3）注意构件的作业程序。

（4）原木制作作品的切割必须是在干净的、平坦的且直角的地方进行。

（5）构件的进料方向一定在锯片之前，这样手才不会处于危险的范围里。制作时如果使用木制滑板，应确保木制滑板上小的构件可以没有危险地在锯片和纵向固定处滑动。

（6）严禁使用金属制品（图钉、雕刻刀等）来推动构件（高度危险）。

（7）纵向台面和横向台面不要同时使用。

（8）如果小的构件要横向固定在锯片前切割的话，建议用有辅助边（木质，薄且平行的边）的挡板将整个作品延长，让作品在整体宽度里处于一个平台，才不至于倾斜并容易握持。

（9）注意锯片的正确高度，然后在正常的切割下应从作品中多伸出 6mm ~ 10mm。

（10）模型构件在磨光时转动的方向是垂直地向下运动。如果反向的话，磨光灰尘会被高高地旋起，造成伤害。

3.5 钻孔工具及其使用

3.5.1 钻孔工具

钻孔的工具分手摇钻、手提电钻、冲击钻、钻床等。

1. 手摇钻

手摇钻是常用钻孔工具，尤其是在脆性材料上钻孔时比较好用。手摇钻可配用直径8mm以下的直身麻花钻嘴，常用来钻直径细小的孔，例如模型沙盘上的路灯眼、树眼，以及上木螺丝和铆钉。使用时可一手握手柄，肩顶圆柄，另一手摇动伞齿轮柄。

2. 手提电钻

手提电钻可在各种材料上钻1mm～6mm的小孔，携带方便，使用灵活（见图3-26）。手提电钻用电力推动马达，另夹头转动，带动钻嘴钻孔，用法与手摇钻相同，只是钻洞更为方便、省力。普通手提电钻可配用12mm以下的直身麻花钻嘴。

图3-26　手提电钻

3. 各式钻床

钻床分台式钻床、立式钻床和摇臂钻床（见图3-27至图3-30）。钻床可在不同材料上钻直径、深度较大的孔。

图3-27　立式钻床（1）

图3-28　立式钻床（2）

图3-29　台式钻床

图3-30　摇臂钻床

4. 冲击钻

冲击电钻功率较大，并配有振动装置，主要用于墙面或地面固定，模型制作中不常用。

5. 棘齿弓钻

为防止有机玻璃等材料发生倾斜、爆裂情况，还可以使用棘齿弓钻。它利用杠杆原理转动，操作准确，方便省力。

3.5.2 常用钻孔工具的使用

钻床是一种常用的孔加工设备。在钻床上可装夹钻头，用来进行钻孔。用钻头在实体材料上加工孔的方法，称为钻孔。在建筑模型的制作中，有许多工件上需要钻孔时，先要钻孔。钻孔时，是依靠钻头与工件之间的相对运动来完成钻削加工的，在钻床上钻孔是钻头旋转而工件不旋转。

1. 钻床的种类

钻床分台式钻床和立式钻床。

（1）台式钻床

台式钻床是一种可放在工作台上使用的小型钻床，简称台钻。其钻孔直径在1mm～12mm之间。台钻主轴转速很高，最高达每分钟数千转。常用V带传动，由五级带轮来变换速度。台式钻床主轴是用手操作进给，台钻可以升降和旋转角度。台钻小巧灵活、使用方便，是建筑模型制作中常用工具。

（2）立式钻床（见图3-31）

立式钻床钻孔的直径规格有25mm、35mm、40mm和50mm等几种。

立式钻床主要由主轴、主轴变速箱、进给箱、立柱、工作台和基座组成。它可以自动进给，主轴转速和自动进给量都有较大的变动范围，因此能适应不同材料中型工件的孔加工工作。

图3-31 立式钻床

2. 钻头的种类、结构和用途

（1）钻头的种类

常用的有扁钻、中心钻、麻花钻、深孔钻和直槽钻等（见图3-32）。在模型制作中常用的是麻花钻，一般用高速钢制成，它由柄部、颈部及工作部分构成，柄部有直柄和锥柄两种，是钻头夹持部分。

图3-32　钻头

（2）钻头的结构和用途

麻花钻的柄部用来传递钻孔时的转矩和轴向力。直柄所能传递的转矩较小，一般用于小直径钻头；锥柄能传递较大的转矩，而且装夹时定心精度较高，所以一般用于大直径钻头（13mm以上）。

麻花钻的颈部是为磨削钻头外径时供砂轮退刀之用的，一般钻头的规格、材料和生产产家标注在该位置。

麻花钻的工作部分由切削和导向两部分组成。切削部分是指两条螺旋槽形成的主切穴刃及横刃，主要起切削作用；导向部分用来保持麻花钻头工作时的正确方向，导向部分有两条螺旋槽，是螺旋刃在钻削时容纳切除屑用的。

3.5.3　钻孔的方法

1. 钻孔前的准备工作

1）钻头的刃磨。钻孔前如发现钻头切削部分磨损或改变切削部分形状时，必需进行刃磨。

2）工件的夹持。钻孔时可根据工件的大小来选择夹具，如工件较小且平整，可以用手虎钳夹持进行钻孔；在平整的工件上钻孔还可以用平口钳夹持，夹持时在工件下面垫木块，使用平口钳时要用螺钉将其固定在钻床工作台面；在钻削轴和圆形类工件时，可选用V形块并用螺钉、压板将工件和V形块紧压在钻床工作台面上进行钻孔。

3）切削用量的确定。钻孔时，应根据不同材料来选择切削的速度和进给量。钻硬材料时，切削速度要低一些，进给量要小些；钻软材料时，切削速度要高一些，进给量也要大一些；用小钻头钻孔时，切削速度要快一些，进给量要小些；用大钻头钻孔时，切削速度要低一些，进给量要适当大一些。

2. 钻孔的方法

1）先在工件上画好钻孔的轴心线，冲击钻孔中心点时，孔的中心点要打得大些，以便钻头定位。如果在金属工件上钻孔，还要加切削液散热降温。

2）开始钻孔时，钻速要高些，钻头尖对准钻孔的中心点，用手操作进刀，先轻轻试钻一点，然后检查钻孔的中心点和所画孔是否偏移，不偏移就可以钻孔。

3）如果偏移，则要进行矫正后再将孔钻深或钻透。

3. 钻孔的安全操作

1）首先检查钻床的各部位是否完全固定好，工作场地周围不应有障碍物。在钻孔操作前，一定要穿工作服，扣好钮扣，扎紧袖口，并戴好安全帽，严禁带手套。开动钻床前，应检查工件是否夹紧。

2）钻孔时的切削要用刷子清除，切勿嘴吹，以免切削物刺伤眼睛。

3）装卸或检查工件时应先停车。

4）钻孔工作完毕后，应关掉机床的电源。

5）钻床每次用完后都应擦干净，并做好三级保养。

3.6 打磨修整工具及其使用

3.6.1 打磨修整工具

打磨是景观模型制作过程中非常重要的精细基础性环节。在模型制作中，无论是粘接或是喷色前，都要进行打磨。其精度直接影响到模型构成后的视觉效果及模型的质量。

1. 砂纸

砂纸分木砂纸和水砂纸两种。根据沙粒目数分为粗细多种规格的粗糙程度。使用简便、经济，可以使用于多种材质材料以及不同形式的打磨。

2. 砂纸机

砂纸机是一种电动打磨工具，主要使用于平面的打磨和抛光（见图3-33）。该机打磨面宽，操作简便，打磨速度快，效果较好，是一种较为理想的电动打磨工具。有的砂纸机功能较多，还能多个相交面加工，其缺点是需要专用的砂纸带。

图3-33　砂纸机

3. 砂纸板

砂纸板是一种自制的有效打磨工具。用砂纸板贴于平整的硬板两侧,既平整,又好用。有时也制成圆弧状,用于内磨圆弧。

4. 砂轮机

砂轮机主要由砂轮、电动机和机体组成,用于磨削和修整金属或塑料部件的毛坯和锐边。按外型可分为台式砂轮机、立式砂轮机(见图3-34)两种,使用时可根据磨削的材料种类和加工的粗细程度选择型号(直径、硬度、粒度)合适的砂轮机。

图3-34　砂轮机

小型台式砂轮机主要用于多种材料的打磨。该砂轮机体积小、噪声小、转速快并可无级变速,其加工精度较高,同时还可以连接软轴安装异型打磨工具,进行各种细部的打磨和立体雕刻打磨,是一种较为理想的电动打磨工具。

5. 锉刀

锉刀又称普通锉,是一种最常见、应用最广泛的打磨工具。锉分为木锉和钢锉两类。木锉用于木料加工，钢锉用于有机玻璃与金属材料加工。按锉的形状与用途，可分方锉、圆锉、半圆锉、三角锉、扁锉、针锉，可视工件的形状选用。按锉的锉齿分粗锉、中粗锉和细锉。锉的使用方法有横锉法、直锉法和磨光锉法。工件锉切后的利口，要用锉削法去消除。为了充分发挥锉刀的效能，在锉削时必须选择合适的锉刀。板锉主要用于修平有机玻璃和木料平面及截面的打磨；三角锉主要用于内角的打磨；圆锉主要用于曲线及内圆的打磨。上述几种锉刀一般选用粗、中、细三种规格，其长度以12.7cm～25.4cm为宜。

6. 什锦锉

什锦锉又称组锉或整形锉，由多种形状的锉刀组成。有每组5把、6把、8把、10把、12把等不同的组合（见图3-35至图3-37）。锉齿细腻，适用于直线、曲线及不同形状孔径的精细加工。

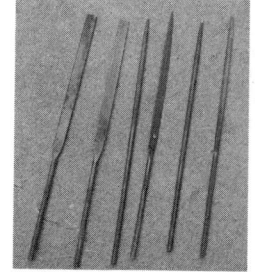
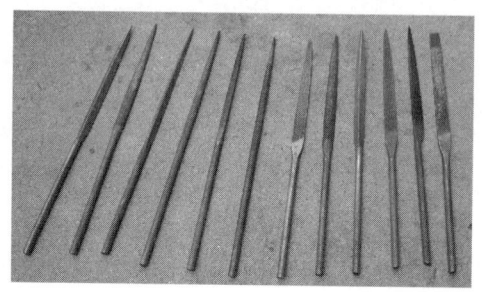
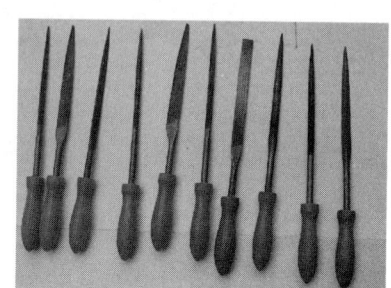

图3-35　什锦锉（1）　　　　图3-36　什锦锉（2）　　　　图3-37　什锦锉（3）

7. 特种锉

特种锉是锉削工件特殊表面用的工具。按其断面形状不同，可以分为刀口锉、菱形锉、扁三角锉、椭圆锉和圆肚锉等几种。

8. 木工刨

木工刨（见图3-38）主要用于木质类材料、有机玻璃和塑料类材料平面和直线的切割、打磨。木工刨分短刨（粗刨）、长刨（滑刨）和特种刨（槽刨）三种。模型有机玻璃面罩和木制沙盘的制作离不开刨削技术。它可以通过调整刨刃露出的大小，改变切削和打磨量，是一种用途较为广泛的打磨工具。一般常用刨子规格为5.08cm、10.16cm和25.4cm。

图3-38　木工刨

9. 磨光机械

一台磨光机必须配有一张可旋转的工作桌或是可调节的活动挡板，马达若是可以向左或向右转是最好的，可以得到磨光锯片形成的各式不同的颗粒。应该经常更换新的、锐利的磨光锯片，这样才能够得到完美无缺的光滑平面，而不需耗时耗力地做事后补救工作。磨光锯片使用特别的黏胶安置在磨光转盘上，这种黏胶能够加速更换，不要使用其他的黏胶。作品总是在盘状磨光机的一边被磨光，在磨光时转动的方向是垂直地向下运动。如果是在另一旁进行磨光的话，则磨光灰尘会被高高地旋起，而作品会从手中被撕裂（将对眼睛造成伤害）。盘状磨光机附带圆盘直径从 30cm ~ 40cm，并附带一体的吸尘器或是灰尘袋。

除了盘状磨光机，还有掌上型带状磨光机、震动磨光机、手提磨光机（见图3-39）等。

图3-39　手提磨光机

10. 氢氧火焰抛光机

氢氧火焰抛光机是专用的对有机玻璃抛光的设备。利用水分解成氢和氧加以燃烧，产生干净的纯焰进行抛光，抛光的质量取决于抛光前的精磨。

11. 修边机

修边机（见图3-40）应用在有机玻璃、实木板等板材边缘的修整，在景观模型制作中主要应用在模型底座、景观建筑、小品的整形处理。

图3-40　修边机

3.6.2 常用打磨修整工具的使用

1. 锉削工具的使用

锉削，是制作建筑模型时修整毛坯的主要加工方法，锉可以锉削平面、曲面和各种形状复杂的表面。

（1）锉的选择

为了充分发挥锉的效能，必须正确选择锉。常用锉的种类按其断面形状有扁锉、方锉、三角锉、半圆锉、圆锉、刀锉、椭圆锉、圆肚锉等。每种锉都有它适合的用途，锉削前必须根据工件材料的性质、形状的特点及所要求的表面粗糙度正确地选择锉。锉的断面形状要和工件部位的形状相适应。

（2）锉粗细齿的选择

锉粗细齿的选择，取决于工件的修整余量大小、加工精度和表面粗糙的要求，同时也要考虑材料的软硬。软材料选择粗锉，硬材料选择细锉。另外，工件修整余量大、精度低和表面粗糙的选用粗锉，反之，选用细锉。

2. 锉削方法

（1）平面锉削

要锉削平直的平面，必须使锉保持直线的锉削运动。因此，锉削时必须掌握正确的握锉方法以及施力的变化。在使用时，一手握住柄锉，一手压在锉的另一端上，使锉保持水平，然后进行推拉运动。锉前进时施加压力并保持水平，返回时稍放，以免损伤已加工表面。平面锉削方法分顺向锉、交叉锉和推锉。

顺向锉：锉的运动方向与工件夹持方向一致，这是最常用的一种锉削方法。一般锉削余量不多和精锉都采用这种方法。顺向锉的纹理较细，有锉纹均匀、清晰的特点。

交叉锉：相互交叉角度的锉法称为交叉锉。锉的运动方向与工件夹持方向各成30°~40°。交叉锉时，锉与工件的接触面积大，锉削后能获得较高的平面度，但表面的粗糙度较粗，适用于进行粗锉削加工。

推锉：双手横拿锉往复锉削的方法叫推锉。一般用于锉削狭长平面，因为这种锉削方法效率低，所以只在加工余量较小的工件和修整尺寸时使用。

（2）直角面锉削

直角面锉削是加工时经常用到的，大多是内外直角锉削。当锉削内外直角时，先锉削外直角面，然后锉削内直角面。锉削外直角面时，应选择大或长的平面作为一个基准面，以便测量其他各加工面，然后再锉削其垂直面，锉削后用角尺测量检查垂直度的误差；锉削内直角面时，先锉与外直角面中基面平行的面，然后再锉其垂直的面，锉削后用角尺矫正。

（3）曲面锉削

曲面锉削分外圆弧面、内圆弧面和球面三种。

外圆弧面锉削：锉削时，锉刀在往复运动的同时应环绕工件圆弧面中心转动。

内圆弧面锉削：锉削时，锉的运动是左右推拉和环绕内圆弧中心转动。

球面锉削：锉削时，锉在做外圆弧锉削动作的同时，还要环绕球面的中心和周向做转动。

3. 锉削的安全操作

1）不能使用无柄或手柄有裂缝的锉进行锉削，以免锉舌刺伤手腕。

2）锉削到一定程度时，要用锉刷顺锉纹方向刷去锉纹中残屑。切勿用嘴吹切屑，防止残屑飞进眼睛。

3）锉不要随意放在台钳上，以免掉落伤人或损坏锉。

4）锉不能用于敲击或撬其他物品，因锉性脆，容易断裂。

3.7 辅助工具及其使用

3.7.1 辅助工具

辅助工具并非不重要的工具，相反，近年来随着模型制作的发展，原来不常用的一些工具在被经常用来辅助制作。辅助工具有时对个性化的制作来讲是必不可少的工具。

1. 台虎钳

是用来夹持较大的工件以便于加工的辅助工具。从结构上可分为固定式和回转式两种。回转式台虎钳使用方便，应用广泛。

2. 桌虎钳

使用于夹持小型工件，其用途与台虎钳相同，有固定式和活动式两种。

3. 手虎钳

用于夹持很小的工件，便于手持进行各种加工，携带方便。

4. 镊子

制作细小构件时特别需要镊子进行制作和安装（见图3-41）。还有一种用不锈钢制成的耐锈轻巧的新式镊子，长时间使用不觉疲劳。顶端设计成弯角细长型，作为细微的贴剪等制作作业的工具，使用方便。特种型新式镊子，作为医疗工具而被开发，其顶部更加细巧，能准确地拼贴面。

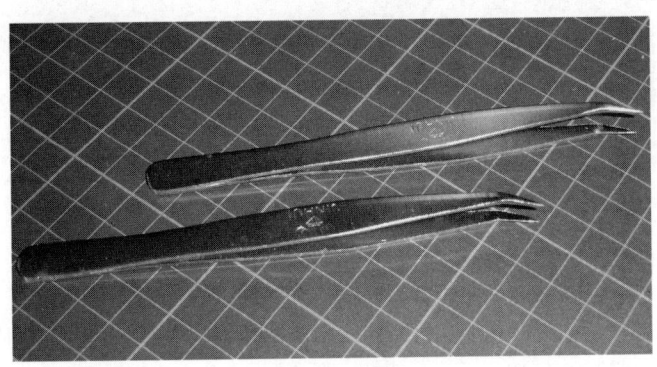

图3-41 镊子

5. 喷涂工具

气泵、喷笔、喷枪和压缩机是最常用的喷涂工具（见图3-42）。在喷枪内用烯料调好漆，靠调节气流给模型上颜色并制作各种特殊的质感和效果。

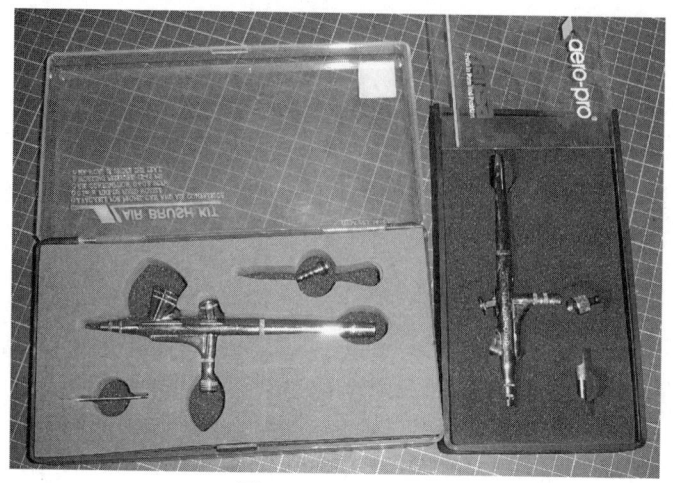

图3-42　喷涂工具

各种刷子（平刷和圆刷）可以用来刷漆，旧牙刷也会有用；喷刷格网和喷绘台也是辅助喷漆工具；瓷制的调色盘、各种杯子及瓶子等可以用来调色和做容器；薄膜、化妆铝箔也会用得着。

6. 特制烤箱

用于有机玻璃和其他塑料板材的加热，以便弯曲成型（见图3-43）。电热恒温干燥烘箱的温度可以在150℃～300℃之间设定，用于对压模变形的有机玻璃、ABS板等进行定时、定温烘烤。电炉最好选择1500W～2000W的大炉盘。

图3-43　特制烤箱

7. 电烙铁

用于焊接金属工件，或对小面积的塑料板材进行加热弯曲。一般选用35W内热式及75W外热式电烙铁各一把（见图3-44）。

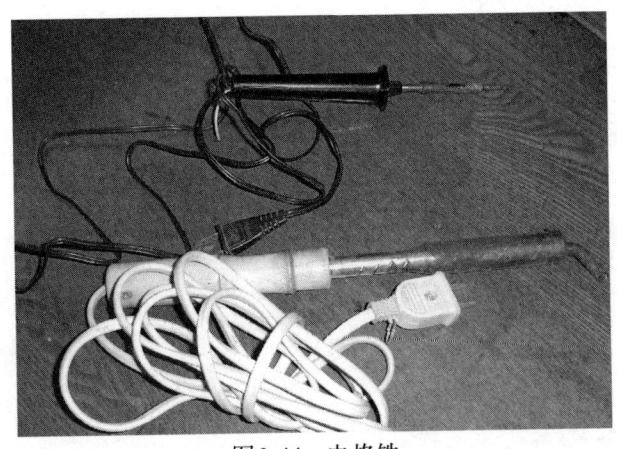

图3-44 电烙铁

8. 电吹风机

最好选择1200W理发用的电热吹风机。可对大块有机玻璃片进行热加工,或促使某些工件快速干燥,还可用于对塑料板材进行焊接加工。电热吹风机吹出的热风能熔化塑料焊条,可以很容易地将两块塑料板材接在一起。

3.7.2 辅助工具的使用

1. 台虎钳的使用

在夹持工件前,应用表面光整的板材贴住工件,以保护工件的表面不至被夹坏。在夹持工件时,用双手的力量来扳紧手柄,切勿用其他工具来敲击手柄,以免损坏台虎钳的各部件。在活动钳身的光滑表面上,不能用其他工具敲击,以免降低它与固定钳身的配合性能。台虎钳必须牢固在钳台上,使钳身没有松动现象,否则容易损坏台虎钳和影响工件加工的质量。

2. 用鼓风电热恒温干燥烘箱加工异型部件

鼓风电热恒温干燥烘箱的规格、型号和温度有许多种,一般常用的型号是SC101-2,温度在150℃~500℃之间可调,使用电压220V的交流电,工作室的尺寸是45cm×55cm。在用塑料制作建筑模型时,经常要将材料弯成曲面形状,可采用这种干燥烘箱,它适用于烘软比较大的材料。在使用时,将恒温干燥烘箱的电源接通,打开开关,根据不同塑料进行定位后再将截好的塑料放进干燥烘箱,此时把保温门关紧,待塑料烘软后迅速将塑料放置在弧行模具的表面上碾压冷却定型。

3.8 其他工具及其使用

1. 手锤

锤子是最常用的击打工具。要准备大、中两把锤子以便用于不同的工作,用于模型上以橡胶锤为好。也要准备其他各种槌子,如轻槌(100g)、重槌(500g)、小的棍棒(木槌)。

2. 医用注射器

粘接有机玻璃片、ABS板时需要三氯甲烷，而粘接赛璐珞时需要用丙酮。这两种溶剂极容易挥发、有毒。装在注射器内使用方便。一般选用5ml医用玻璃注射器，针头最好选用5号、6号或7号（见图3-45）。

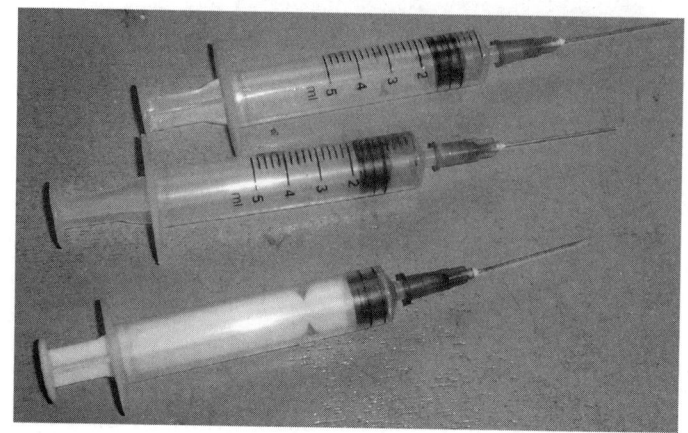

图3-45　医用注射器

3. 静电植绒机

用于大面积铺种草地的设备。使用方便，有双筒和单筒两种。

4. 粉碎机

起粉碎作用。一般把已染色的海绵粉碎成小颗粒后，再加工成各种植物、草地。

5. 灯光放大镜

用于小型物件的放大设备，在精细雕刻时经常应用（见图3-46）。

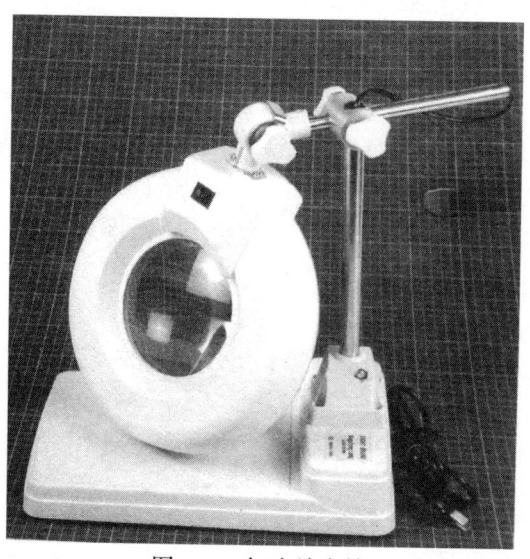

图3-46　灯光放大镜

6. 清洁工具

在制作模型的过程中，模型上会落有很多毛屑和灰尘，还会残存一些加工的碎屑。可用毛笔、板刷、照相机清洁用的吹气机等工具来清洁。

7. 组合微型加工机

目前，市场上经常见到的一般是奥地利 The Cool Tool Gmbh 公司生产的产品，分标准型和专业型，在国外多是针对 DIY 用途。由于电机功率小，不易伤人，较适用于加工模型上的小异型件。

8. 小型多用机床

有些构件相对较大、材质相对较硬，就要用到小型机床。考虑到方便的因素，选择组合多功能型用于加工比较合适。

9. 旋转拉坯机

常用来制作模型上的一些构件，有时也用来做成1:1的真实构件，以研究建筑细部的设计和造型。

10. 小型电窑

小型电窑用来与旋转拉坯机配套，将塑造成型的软件放入小型电窑内烧制定型，待一定的时间并一定的温度下烧烤后取出。

【本章小结】

本章首先规定了模型制作的环境及工作场所需要的基本条件，这是模型制作前期必须具备的有限定条件的空间环境，并对模型制作工具的具体内容、工具规格、应用对象和使用方法进行了详细的介绍。

【思考与练习】

1. 制作建筑与景观模型时使用的主要工具有哪些？
2. 简述建筑与景观模型制作主要工具的使用方法。

第4章 建筑与景观模型材料及其加工

本章重点
- 模型制作材料分类
- 辅助材料及其加工处理
- 主要加工制作工艺
- 方案切块模型的制作
- 主材类及其加工
- 制作模型的基本手工技能
- 模型样品的制作
- 展示模型的制作

模型材料是建筑与景观模型构成的一个重要因素,它决定了模型的表面形态和立体形态。对于模型制作者来说,可以应用不同的材料来做基本的元素或是单一的配件。而选择取决于所处的阶段时期和所表现的内容,更重要的是制作者本身对某些特定材料的偏爱,或者说是制作者凭借以往的经验对不同原料的特性、作用以及它们互相配合的效应更敏锐。

随着科学技术的发展,适宜模型制作的材料选择余地越来越大,包括某些特殊的材质,有近百种,特性各异。如,电化铝即时贴饰线的明快与晶莹;确灵珑幕墙的稳重与闪光;特灵珑门窗的轻巧与透光;砖石墙纸的逼真与整体感;树球、花坛、路灯、小桥、亭阁等半成品材料等。

4.1 模型制作材料分类

材料有多种分类法,模型制作者从不同的角度出发,可以把模型材料分成不同的类别。

1. 按模型材料的使用特性分类

通常分为建筑结构框架材料、建筑物表面装饰材料、环境装饰材料、底盘材料等。

2. 按材料的物理化学特性分类

通常可分为木质材料、纸质材料、塑料材料、玻璃材料、金属材料、石膏材料、涂料、胶黏剂等。

3. 按模型的半成品与成品材料分类

分为人、树、桥、亭、车等半成品与成品材料。

4. 按材料在模型制作过程中所充任的角色分类

分为主体材料、辅助材料。

随着科学技术的进步与发展，模型材料概念的内涵与外延在不断改变。模型制作的主材和辅材界限的区分也越来越模糊，特别是用于模型制作的基本材料呈现多种品种、多样化的趋势。由过去单一的板材，发展到点、线、面、块等多种形态的基本材料，每一次主材的变化都会带来制作工艺、制作设备等一系列的连锁变化。同时，模型制作的专业性材料与非专业性材料界限的区分也越来越模糊，用于模型制作的基本材料呈现多种品种、多样化的趋势。另外，随着表现手段的日臻完善和对模型制作认识与理解的深入，很多非专业性的材料和生活中的废弃物也被当做制作模型的辅助材料。

这一现象的出现无疑给模型的制作带来了更多的选择余地，同时也产生了一些负面效应。很多模型制作者认为，材料选用的档次越高，其最终效果也越好。其实不然，任何事物都是相对而言的，高档次材料固然好，但模型制作所追求的是整体的最终效果，如果违背了这一原则去选用材料，那么再好、档次再高的材料也会黯然失色，失去了它自身的价值。除了考虑模型材料的物理性质和化学性质外，更要注重视觉效果，哪一种厚纸板配上哪一种纸以及什么样的木材与什么样的金属组合，都是非常重要的。材料的效果以及加工处理的技术也是必须考虑的要点。因此，材料是模型制作中最活跃、最不稳定的因素，也是最重要的因素。它们刺激着制造者的想象力，也能带给我们惊奇。模型设计与制作材料紧密结合很重要。

总而言之，模型制作者在制作建筑与景观模型时，要根据建筑与景观设计方案和景观模型制作方案，具体分析，合理地选用模型材料。

4.2 主材类及其加工

主材是用于制作模型主体部分的材料。一般通常采用的有木质材料、纸质材料、塑料材料、玻璃材料、金属材料、石膏材料等几大类。

在现今的模型制作过程中，对于材料的使用没有明显的界限，但并不是说，不需要对材料基本知识的掌握。不变形、不掉色、无毒害、无异味的材料都可以考虑作为制模材料，只有对各种材料的基本特性及适用范围有了透彻的了解，才能做到物尽其用，得心应手，从而发挥出材料的最佳特性。

在此，对目前市场上销售的一些材料及特性做一个简要的举例和分析，以供模型制作者参考选择。

4.2.1 木质材料及加工

1. 木材性能与结构

（1）木材的性能

木质材料是模型制作的基本材料之一。为达到模型设计与制作要求，保证模型的质量，科学合理地选用木材是至关重要的。不同的造型设计和同一物体的不同部件对木材的天然特性和物理力学性能的要求是不同的。一般来说，所选用的木材都应具有美丽悦目的自然纹理，且材质结构细致、易切削加工、易粘合、易着色及涂饰，以及受气候影响变化小、抗腐蚀性能好等要求。如泡桐木、椴木、云杉、杨木、朴木等。对于加工而言，硬度和纤维的方向扮演着最重要的角色。所有木材在太阳的照射下都会变黄，只是这种情形在浅色木材中比深色木材中更应引起注意。

1）木材的物理性能

含水率：木材中水分的重量占木材的全干材（指实验烘箱中作试样的木材）重量的百分比，称为木材的含水率。选择干燥的木材进行加工，方便且不易变形。树种不同含水率也不同，一般树种的含水率在40%～60%，多的可达200%以上。按含水率木材可分为生材（刚伐倒的树，含水率一般70%～140%）、湿材（长期处于水中的木材）、气干材（在自然状态下风干，平均含水率在5%）、炉干材（含水率在4%～12%）、绝干材（含水率0%）。木材的含水率达40，湿度10%～30%，空气流通不畅的环境下，极易发生腐朽。因此，在实际模型制作时选择较干燥的木材，并把制作好的木材模型保存在干燥、通风的环境。

密度：密度是指木材的单位体积重量。密度大的木材一般强度比较高，硬度比较大，抗腐蚀性能好，刨面有光泽，但不易加工，干燥收缩率大，易变形和开裂。所以，一般来说，制作模型选用的木材的密度要适中。

干缩与湿胀：木材的干缩与湿胀是其固有的特性。当木材的含水率下降到纤维饱和点（23%～30%）以下时，如水分继续减少，细胞壁会收缩，使木材体积减小，重量减轻，强度增大；反之，如水分增加，细胞壁吸水膨胀，木材随之膨胀增重，强度则降低。由于木材属于各向异性材料，各向的收缩率不一致（实验证明，木材的径向收缩率约为3%～6%，弦向收缩率约为6%～8%），往往导致木材的变形、翘曲及开裂。因此，木材的干缩与湿胀对制成的模型有一定影响，除加工前必须经过必要的干燥处理外，制作时也应选用干缩湿胀性和翘曲性小的木材。

2）木材的力学性能

木材的力学性能就是木材抗外力作用的性能。木材的各向异性在力学性能方面表现得特别显著，如顺纹强度最高，横纹强度最低。当外力与木纹成角度时，强度介于两者之间，而且不同树种或同一树种不同部位的木材，其力学性能差异也很大。因此，正确掌握木材的受力性能，对于合理使用木材加工模型有一定意义。木材顺纹方向的强度比横纹方向的强度大得多。俗语说"立木顶千斤"就是这个道理。一般情况下，阔叶树木材的顺纹抗压强度高于针叶树的木材。

3）木材的构造

作为工业造型材料，树干是木材的主要部分。树干由树皮、木质部和髓心三部分组成。木质部是树干最主要的部分，也是最有利用价值的部分。木质部分为边材和心材两部分。树木因生长规律的影响，心材部分强度较高，边材部分强度较低。髓心是树木初生时储存养分的，其质松软，强度低，易腐朽。从髓心向外的辐射线成为髓线，它与周围连结差，干燥时易沿此部位裂开。

从不同方向锯切木材，所得切面的表面构造和物理性能也不同。以横切面、弦切面和径切面三个典型为例，可以清楚地看出它们的不同构造。根据产品造型的需要，可选不同的切面加以合理利用。

横切面：自垂直于树干生长方向锯开的切面（或称横断面）。木材在横切面上硬度大，耐磨损，但易折断，难刨削，加工后不易获得光洁的表面。

径切面：沿树木生长方向，通过髓心并与年轮垂直锯开的切面称径切面。在径切面上，木材纹理呈条状且互相平行。径切面板材收缩小，不易翘曲，木材挺直，牢度较好。

弦切面：沿树木生长方向，但不通过髓心锯开的切面称为弦切面。在弦切面上形成山峰状或V字形木材纹理，花纹美观但容易翘曲变形。

（2）木材的优点

从底板到精致装饰用的棍棒等工件，木材都因其质轻坚韧、尺寸稳定、色泽悦目、纹理美观、易于加工成型等特性，被很好地加工处理。木质材料的优点是造价低、质轻、密度小、具可塑性、易加工成型和易涂饰、材质与色纹美丽；其缺点是易燃、易受虫害的影响，并会出现裂纹和弯曲变形等情况。

1）质轻

木材由疏松多孔的纤维素和木质素构成，质轻坚韧并且富有弹性。在纵向（生长方向）的强度大，是有效的结构材料，但其横向的抗压、抗弯曲强度差。

2）具有天然的光泽和美丽的花纹

不同树种具有不同的天然悦目的光泽。例如，红松的心材呈淡玫瑰色，边材成黄白色；杉木的心材呈深红褐色，边材呈淡黄色等。而且年轮和木纹方向的不同而形成各种粗、细、直、曲形状的纹理，通过刨切等多种方法还能截取或胶拼成种类繁多的花纹。年轮、木纹和段面擦痕纹等，会干扰和损害模型的比例。对于模型制作而言，看起来比较"安静"的木材比起"富有生气活力"的木材好得多。通常木头制的建筑主体会被涂料涂刷或漆，就这点而言颜色较明亮的木头种类会比深色的好。白色底的模型躯干能够使轮廓和雕塑的细节（例如凸出和阴影部分）被清晰地看见；若是用深色木材，微小的阴影部分则容易被覆盖。

3）相对稳定

在一定温度和相对湿度下，受温度变化的影响不明显，热膨胀系数极低，不会出现受热软化，强度降低等现象。

4）具有可塑性

木材蒸煮后可以进行切片；在热压作用下可以弯曲成型；木材可以用胶、钉、眼等方法进行接合，即简易又牢固。

5）易加工和涂饰

木材易锯，易刨，易切，易打孔，易组合加工成型，且加工比金属方便，在使用前不需要提炼（各种金属则需提炼）。由于木材的管状细胞易吸湿受潮，故对涂料的附着力强，易于着色和涂饰。

6）具有良好的绝缘性能

木材的热导率、电导率小，可做绝缘材料，但随着含水率增大，其绝缘性能会降低。

（3）木材的缺点

木材由于本身构造上自然形成，或由于保管不善受到损伤以及发生病虫害而存在着一些缺陷，致使材质受到影响，降低了木材的使用价值，甚至完全不能使用。常见的木材缺陷有节子、变色、腐朽、虫害、裂缝、夹皮、弯曲、斜纹等。认识木材的缺陷及其对木材的影响，是合理加工使用木材，保证模型产品质量的重要前提条件。

1）节子

节子是树木的枝条在生长过程中，由于树干上的活枝条或枯死枝条被逐渐加粗的树干包围起来而形成的，这是树木一种正常的生理现象。节子按其断面形状可分为圆形节、条状节、掌状节三种;按节子材质和周围木材的连生程度又可分为活节、死节和漏节三种。节子的存在不仅破坏了木材的完整性和均匀性,损害了木材纹理的美观,而且节子材质坚硬增强了切削阻力,易损工具。在节子部位因木材变成斜纹,加工后表面不易光洁,强度也有所降低。

2) 变色

变色可分两种,一种是木材在空气中受阳光和氧的化学作用所出现的变色现象,称化学变色。这种变色仅发生在木材表面,经刨切或磨削加工后又能恢复其原有的材色;另一种是木材受真菌(霉菌、变色菌和腐朽菌)的侵蚀,使正常的材色发生变化,但尚未破坏木材的细胞壁,称为变色,如青变、红斑和杂斑。它是木材腐朽的初期阶段,虽然对木材的力学性影响不大,但对木材加工成型后的外观和耐久性有一定影响。

3) 腐朽

木材受真菌侵蚀并破坏了细胞壁,不仅材色改变,而且导致木材结构松软、易碎,最后变成筛孔状或粉末状的软块,使其强度和硬度显著降低,以致失去使用价值。因此,腐朽是评定木材等级的重要依据之一。已经腐朽了的木材模型制作中不能选择使用。

4) 虫害

蛀虫对木材的侵蚀称为虫害。侵害所形成的孔道称"虫眼",根据蛀蚀程度,虫眼可分为表皮虫沟、小虫眼和大虫眼三类。表皮虫沟(指蛀蚀深度不超过1mm)和小虫眼(虫眼直径不超过3mm)对木材加工影响较小,大虫眼(虫眼直径超过3mm)因孔洞大、蛀蚀深,对木材加工影响较大

5) 裂纹

树木生长期间或伐倒后,由于受外力或温度、湿度的影响,致使木材纤维之间发生分离的现象,称为裂纹。按开裂部位和方向的不同,裂纹可分为径裂、轮裂、干裂、端裂、心裂及表面裂等几种。裂纹不仅破坏了木材的完整性,降低了木材的强度,而且对旋刨影响很大,增加了工艺的复杂性,影响了产品的质量,降低了木材的利用率。

6) 夹皮

夹皮是树木受伤后继续生长而生长的。受伤部位还未完全愈合而形成的完整性,并使木材带有弯曲年轮。夹皮随种类、形状、数量和分布位置的不同,对木材的加工使用有不同的影响。

7) 弯曲

树干的轴线(纵中心线)不在一条直线上,有向前后左右凸出的现象,称为弯曲。

8) 斜纹

由于木材纤维排列不正常而出现的纹理。斜纹在原木中呈螺旋状扭转,在成材中呈倾斜方向。在制材时,下锯方向不对,即使原木结构较正常也会产生斜纹,这就是人为斜纹。斜纹对木材的力学性质影响显著,纵向收缩大,干燥时易翘曲变形。

9) 易变形,易燃

木材由于干缩湿胀,容易引起构件尺寸及形状变异和强度变化,发生开裂、扭曲、翘曲等弊病;木材的着火点低,容易燃烧。

10) 各向异性

木材是具有各向异性的材料,即使是同一树种的木材,因产地、生长条件和部位不同,其物理和力学性能的差异很大,使之在使用和加工上受到一定的限制。

2. 模型常用木材

木质材料（见图4-1）是制作木质建筑模型和底盘的主要材料，加工容易，造价便宜，天然的木纹和人工板材的肌理都有良好的装饰效果。除了纸张和厚纸板之外，木质材料在建筑模型制造中是最常用的材料。从底板到精致装饰用的棍棒等工件，木材都因为它坚固、尺寸稳定的特性而被很好地加工处理。通常将木材分为硬木、软木、夹板和装饰板材、贴面板、木纤维板、薄木版、航模板、人造装饰板等几类。

（1）硬木

枫木、橡木、柚木等杂木的材质一般较硬，适合制作模型底盘的木框架。硬木的加工主要靠凿眼开榫，用凹凸方式和胶黏剂相接，不宜用钉。硬木的纹理较好，抗弯力强，不易劈裂。成品材料有各种规格的木方、木板及装饰木线。

图4-1　木质材料

（2）软木

松木、杉木等针叶树木的材质较软，适合制作小模型底盘的木框架。软木可以用钉直接相接，易于加工。常见的成品材料有各种规格的木方和木板。

（3）夹板

夹板是利用原木或木材加工废料等人工合成的材料，有3mm、4mm、5mm、9mm、12mm、15mm、18mm厚的多种规格，面积一般为2440mm×1220mm，齐平无缝，耐磨、耐水、耐热性能较好，不易开裂、收缩和翘曲，木纹肌理美观，适合制作模型底盘的平面。

（4）装饰板材

装饰板材包括宝丽板、防火板、岗纹板、薄木贴面装饰板（见图4-2）、塑料贴面装饰板等。这类装饰板表面坚硬，能防磨损与化学腐蚀，耐火灼耐烫，常用于模型底盘四边、装饰路面或墙体等。岗纹板还可以制作花岗石地坪、墙裙、台阶等。装饰板材的加工可以用钩刀、美工刀切割折叠，与夹板或木料粘贴可使用万能胶（立时得）或309胶水。

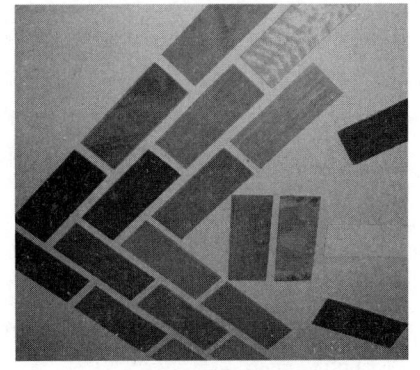

图4-2　装饰板材

注意：在粘贴前先将双方除尘，然后均匀涂刮胶水，待双方稍干后（约15分钟）再进行压贴。

（5）贴面板（胶合板）

是由交叉黏贴的夹板制成的薄板，每层的厚度为0.2mm～6mm，整个平板的厚度则有0.4mm、0.6mm、0.8mm、1mm，长度为2400mm，宽则为1000mm、1220mm和1525mm。覆盖的夹板常由山毛榉、桦树、樱桃树等做成。

（6）木纤维纸板

由混合成树脂胶黏剂的木质颗粒组合而成，软木板的组织结合较不紧密，显得较软，且重量也只有硬木板的一半（比重为0.23～0.4，重大约为10.95kg）。

（7）薄木片板

由黏合的薄木片组合而成，密度很高，厚度为6mm~30mm，规格按照制造者的意愿有所不同，最大的为1800mm×5100mm。

（8）航模板

航模板是采用密度不大的木头（主要是泡桐木）经过化学处理而制成的板材，这种板材质地细腻且经过化学处理，所以在制作过程中只要工具使用得当，无论是沿木材纹理切割，还是垂直于木材纹理切割，切口部都不会劈裂。目前市场上，加拿大进口航模板的质量明显好于国产的，该材料优点是材质细腻、挺括、纹理清晰、极富自然表现力，且加工方便。其缺点是吸湿性强，易变形，细部加工较困难。

（9）其他人造装饰板

目前，随着生产技术的发展，各种装饰板材不断推向市场。可以应用于模型制作的装饰板材有仿金属、仿塑料、仿织物和仿石材等效果的板材。

4.2.2 纸质材料及其加工

纸质材料是建筑模型制作的最基本、最简便，也是被大家所广泛采用的一种材料。尤其在设计教学过程中是一种非常受欢迎的常规材料。该材料可以通过剪裁、折叠改变原有的形态；也可通过折皱产生各种不同的肌理；或者通过渲染改变其固有色。纸板具有较强的可塑性，始终都在所有设计工作的层级（概念模型、作品或是结构模型）中被很好地运用。与其他材料相比较，纸质材料不需要特殊设备及工具，在桌面上即可迅速作业。纸张是模型表现的重要材料，其质量由纸的成分、外观及物理机械性能为依据。纸质材料具有种类多样、价廉物美、容易加工、容易变化和塑形的优点。

选用纸张需要考虑以下性能：纸张的外观性能包括色度、平滑度、尺度、厚度、光洁度等；机械性能包括抗张力、伸张率、耐折度和撕裂度。

纸质材料的优点是价廉物美、适用范围广；且品种、规格、色彩多样，易于折叠、切割、加工、变化和塑形；上手快、表现力强。其缺点是材料物理特性较差、强度低、吸湿性强、受潮易变形，在建筑与景观模型制作过程中，粘接速度慢，成型后不易修整。

纸纹是在生产过程中，细小的纸纤维因在机器中运送的方向不同而形成的纹路。纸张在造纸机的输送方向比起横（相反的）向会显得较硬且不易弯曲；平行于输送方向的折痕，纸张就会比较光滑，而如果垂直于输送方向则在折叠时纸板表面有时会裂开，这种情况尤其会发生在较厚的纸张上。

目前，市场上流行的纸板种类很多，有国产和进口两大类。其厚度一般为0.5mm~3mm。就色彩而言达数十种，同时由于纸的加工工艺不同，生产出的纸板肌理和质感也各不相同。模型制作者可以根据特定的条件要求来选择纸板。

纸张在买卖时是以其每平方米的重量来做区分的，像薄速写纸是$25g/m^2$，而打字机用纸是$80g/m^2$，书籍用纸则是$60g/m^2$。超过$180g/m^2$，我们则称之为卡纸。一张工业标准A4规格的纸是1m2的1/16，即把16张A4的纸张放在秤上，则可读出每平方米的重量。纸张按其重量和厚度分为两类：厚度在0.1mm以下，每平方米重量不大于200g的称为纸；厚度在0.1mm以上，每平方米重量在200g以上的称为纸板。含木（纸）浆的纸在阳光的照射下会变黄。

在建筑与景观模型表现中，常用的纸质材料如下。

1. 打印纸

通常是 80g/m²，规格是一包 500 张 A4，有不同的品质。对于模型制作者来说，必须选用不含木材成分、有良好的胶合、重量不低于 80g/m² 的纸张。

2. 卡纸

卡纸又称咭纸，采用品质优良的纤维，因其表面细腻光滑，厚薄均匀，抗张力达 200kg/cm²，耐折度不少于 20 次。

卡纸模型特点：卡纸模型制作方便、无噪音、色彩丰富、重量轻，但受温度和湿度影响较大，保存时间短。若在卡纸中添加最薄的铝或塑胶作陪衬物，则能使卡纸有最高的尺寸精确性。较厚的绘图卡纸能被很精确地裁剪和粘贴，也利于不同颜色的着色和喷漆。制作卡纸模型的粘贴材料有乳胶、双面胶；工具有裁纸刀、手术刀、钢刀、铅笔、橡皮等。

卡纸分类：国内市场上的卡纸种类很多，有国产纸和进口纸、光面纸和纹面纸、白卡纸和颜色卡纸、水彩卡纸和双面卡纸之分。可根据不同的使用目的选择不同种类的卡纸。相对于一般的纸而言，卡纸是一种厚而较硬的纸，厚度一般为 0.5mm～3mm，在模型制作时常用来制作建筑的骨架、地形、桥梁、栏杆、阳台、楼梯扶手、组合家具等自身程度稳固的物体。也可以用来做产品的形态观测模型、形态组合模型。

卡纸规格与用途：白色卡纸平面尺寸一般为 A0～A2，厚度为 1.5mm～1.8mm，模型制作时用做骨架、地形、高架桥等能以自身强度稳固的物体；彩色卡纸颜色多种多样，常用做墙面、屋面、地面和路面，平面尺寸一般为 A1～A3，厚度 0.5mm，并且正反面分为光面和毛面，用以表示不同的质感。制作卡纸模型的粘贴材料有乳胶、双面胶。

卡纸（200g/m²、250g/m²、300g/m²）及绘（制）图纸（150g/m² 和 175g/m²）是不含木材成分的，白色，表面不平坦或是特别光滑。主要的纸张尺寸大约是 61cm×86cm（一半的规格为 43cm×61cm）或 70cm×100cm（一半的规格是 50cm×70cm）。更厚的卡纸按照厚度来交易：普通的厚度是 0.5mm，稍厚时从 1.5mm～3.0 mm，特厚时从 1.5mm～3.0mm。若在卡纸中添加最薄的铝或塑料胶配衬物，则能使卡纸有最高的尺寸精确性。较厚的绘图卡纸能被很精确地裁剪和黏贴，同样也有利于不同颜色的着色和喷漆。

制作卡纸模型一般采用白色卡纸，如果需要其他颜色，可在白色卡纸上进行着色处理。处理的方法很多，例如可用水粉颜料进行涂刷或喷漆，以达到所需要的肌理。此方法经济实惠，效果也不错。

另外，卡纸模型还可以采用不干胶色纸和各种装饰纸来装饰表面，采用其他材料装饰屋顶和道路。

卡纸模型的加工和组合主要是依靠几件切割工具。如墙纸刀、手术刀、单双面刀片、雕刻刀和剪刀等。纸模型各板块或部件的组合方式很多，在制作上可采用折叠、切割、切折、切孔、附加等立体构成的方法进行制作，还可用泡沫塑料做成模型体心。在模型制作中可根据形态的需要去选择处理方法。

3. 厚纸板

厚纸板以其颜色与白色的卡纸作区分。灰色厚纸板是因其成分是曾被印刷过的旧纸，而棕色厚纸板则是因其含有被煮过的木纤维。最常被用来做书籍装订的是灰色厚纸板，因为它很坚硬，而且有韧性，但只能用刀子沿着尺切割。更坚硬的是棕色的皮革厚纸板；或更软一些的是硬纸板、马粪纸，是易碎、不紧密的，也因此只用单面刀就能切割，所以对于制作地形模型而言，此种材料是令人喜爱的。它的标准规格是70cm × 100cm，此外也有75cm × 100 cm和较小的。

4. 瓦楞纸

瓦楞纸（见图4-3）有不同的品质和尺寸大小。瓦楞纸的平面尺寸一般为A3～A4，厚度3mm～5mm。瓦楞纸选用品质优良的牛皮纸或纸袋纸制成，呈波纹状态，分单层与多层两种。瓦楞纸的波浪越小越细也就越坚固。

瓦楞纸特点与用途：瓦楞纸对制作地形模型而言是很好的材料，但由于质轻，若负荷过量会被压扁变形。单层纸呈波浪形，多层纸的上面为波浪形，下面为平板形，具有良好的弹性、韧性和凹凸的立体感。单层瓦楞纸为美工纸，多层瓦楞纸一般用作包装。两者在模型中常用来制作别墅和有民族风格的屋顶斜面瓦楞，如琉璃瓦、梯沿砖以及屋顶的隔热层等。另外，因为由于具有相似的结构特性，瓦楞纸和纸箱板常常混淆。

图4-3　瓦楞纸

5. 模型板

模型板是在发泡树脂板的两端贴上卡纸，可用刀片切割或将卡纸剥落，亦可用砂纸及锉刀将板面曲折，表面处理可用喷漆或平刷涂料，亦可贴上其他纸类，或将美术字转印等，特别适用于建筑模型外墙与室内模型内隔墙的装饰。

模型板的特性：

尺寸：B1开（800mm × 1100 mm）
　　　B2开（350mm × 800mm）
　　　B3开（400mm × 550mm）

厚度：1mm～7mm

尺寸精度：0.5mm 程度

平面性：无问题

二次曲面：几乎没问题

三次曲面：有制作的可能性

圆面：从大到小皆可

球面：依模型而定

涂装：水彩、压克力漆等皆可

注意：如果可用珐琅漆涂装时，必须在模型上再铺设一层纸或喷上压克力漆，因珐琅会侵蚀保丽龙。最好是避免使用琅漆。

6. 各种装饰纸

（1）各色不干胶

用于建筑模型的窗、道路、建筑小品、房屋的立面和台面等处的贴饰（见图4-4）。

（2）吹塑纸

适宜制作构思模型和规划模型等，它具有价格低廉、易加工、色彩柔和等特点。吹塑纸可用来制作屋顶、路面、山地、海拔的等高线和墙壁贴饰等。在制作时，要根据吹塑纸的颜色和表面肌理要求，选择不同的工具。例如，制作有肌理的屋面、屋顶和路面时，可用美工刀的刀背来做划刻加工处理。

图4-4　不干胶装饰纸

（3）过胶墙砖纸

目前在现代建筑与景观模型表现中被广泛采用。专用于建筑模型墙面装饰的专业用纸，含有特种表层，纸面表层印有不同比例的砖纹、石纹、瓦纹、木纹和各种墙面、屋顶的半成品纸张。经过哑光或光胶印制处理，装饰效果逼真。这类纸张使用方便，在制作模型时只需剪裁、黏贴后便可呈现其效果。但是选用这类纸张时，应特别注意图案比例，否则将弄巧成拙。

（4）各色涤纶纸

用于建筑与景观模型的窗、环境中水池、河流等仿真装饰。

（5）锡箔纸

用于建筑模型中的仿金属构件等的装饰。

（6）花纹纸

压印有凹凸浮雕效果的各式花纹纸，色彩鲜艳，平面尺寸一般为A3～A4，厚度0.5 mm～0.8mm，重量为100g～300g不等。常见的花纹纸有虎皮纹、波纹、条纹、布纹等，可用来制作道路、墙面、地坪、绿地、花圃等。

（7）镭射纸

镭射纸是模仿镭元素制成的新型装饰纸质材料，常见为金色和银白色，具有光泽和结晶，在光线照射下具有放射性和闪光的视觉效果，在模型表现中常用于建筑外墙的装饰。

（8）方眼描图纸

这是一种印有不同比例方格的胶版或铜版纸，色泽有绿、灰、橙、蓝多种，常用来表现模型中的广场地砖，屋顶平台地砖，道路人行道地砖等。

（9）墙纸

市场上各式的墙纸、墙布均可按比例及材质需求表现建筑模型的墙面、地坪或屋顶，尤其是细纹的绢墙布有时还会起到花岗石、大理石的装饰效果，只要注意选择搭配恰当，墙纸对建筑与环境的烘托陪衬作用都会得到较好发挥（见图4-5）。

图4-5　墙纸

（10）植绒纸

植绒纸（见图4-6）是一种表层为短毛绒面的装饰材料，又称"绒纸"，在文化用品商店可买到。用它可做草坪、绿地、球场、底台面等，有红、绿、灰、黄等多种色彩。该材料单面覆胶，操作简便，其质感在制作小比例规划模型时常被设计师看中。另外，在市场上有一种新型的植绒即时贴，自带不干胶，剪撕下来即可粘贴使用。

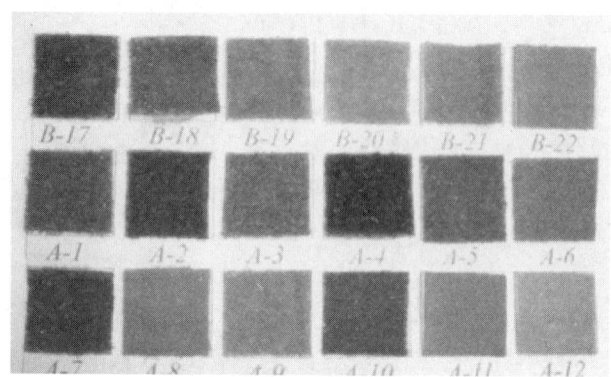

图4-6　植绒纸

（11）砂纸

砂纸原用做打磨材料，但在模型表现中，黄色水砂纸可以制作沙滩、球场、路面、绿地、室内地毯等，甚至刻字贴在模型底盘上效果也不错。

在使用装饰纸时，应该先按照装饰面的大小裁剪。在裁剪好的装饰纸的背面贴双面胶条或涂乳胶，对准被贴面的角轻轻固定，然后用手或其他的工具从被贴面的中间向外铺平。铺平后，如面上有气泡可用大头针刺透再用手指尖压平。如果装饰面上有门窗，可在贴好装饰纸后用笔轻画出门窗洞的尺寸，再用钢板尺和单面刀或手术刀刻去装饰纸，这样就会露出一扇扇的窗户。

纸质材料加工成型的方法一般用剪、刻、切、挖、雕、折、叠、粘等方法均可；粘贴的材料最好使用白乳胶、双面胶或模型胶（PU胶）。

4.2.3　塑料材料及其加工

塑料材料（见图4-7）是以天然树脂或人造合成树脂为主要成分，并加入适当的填料、增塑剂、稳定剂、润滑剂、色料等添加剂，在一定温度和压力下塑制成型的一类高分子材料。

图4-7　塑料材料

塑料材料的优点是质轻、强度高、耐化学腐蚀性好，具有优异的绝缘性能而且耐磨损（除发泡塑料）。热塑性塑料还可以受热成型（如聚氯乙烯、有机玻璃、ABS塑料），成型效果好；其缺点是加工麻烦，费时，费事。

塑料作为模型制作中广泛使用的一种造型新材料,性能优良,具有质轻、电绝缘性、耐腐蚀性等特性,加工成型方便,具有装饰性和现代质感,而且塑料材料的品种繁多,物美价廉。"以塑代钢"、"以塑代木",使塑料迅速成为与钢铁、有色金属同等重要的基础材料。制作模型时应用最多的是热塑性塑料,主要是聚氯乙烯(PVC)、聚苯乙烯、ABS工程塑料、有机玻璃板等。塑料的可塑性特别强,可采用很多方法加工成型,具有很强的形态表现力。塑料板材多属于高档次材料,主要用于展示类规划模型及单体模型的制作。

在建筑与景观模型表现中,常用的塑料品种如下。

1. ABS板、塑料板、聚氯乙烯及其加工

(1)ABS板、塑料板、聚氯乙烯材料及特点

1)ABS板

ABS是一种新型的模型制作材料,称之为工程塑料,广泛用于各个行业。该材料为磁白色,厚度有0.3mm~5mm,由丙烯腈(A)、丁二烯(B)、苯乙烯(S)三种成分组成。ABS是现今流行的手工及电脑雕刻加工制作的主要材料,适宜制作模型的墙面、房顶以及建筑小品、底盘台面和弧形结构等。现在经常使用不同肌理的成品ABS板墙面(见图4-8)。目前一般采用的是吉林生产的国产材料。

图4-8　ABS板

ABS通过现代技术的改进,增强了耐温、耐寒、防火和阻燃的性能,机加工性优良。在模型设计制作中,ABS主要有板材和管材及棒材三种类型。板材常用于建筑与景观模型主体结构材料。模型制作常用板材大小规格为1200mm×2400mm、1200mm×1200mm,厚度为10mm~200mm。模型制作常用棒材长度大小规格为500mm,直径为10mm~200mm不等。

优点:强度高、质轻、表面硬度大、光洁光滑、质地美、易清洁、尺寸稳定,耐化学性良好、电性能良好,表面可电镀、喷涂。材质挺括、细腻、易加工,有特殊的成型能力。着色力、可塑性强,弹性好,也容易加热变形。

缺点：ABS板热塑性较大。

ABS塑料电镀片又称确灵珑胶片，是一种极好的非金属电镀材料，不透明，有金色、银色、茶色、绿色、蓝色等。厚度仅0.5mm～0.7mm，耐热性高，镀色或染色不易脱落，可以任意刻制，但因硬度与弹性太大，不易卷曲。背面树脂染有黑色颜料，具有最佳的耐热能力，适宜制作现代建筑不透光玻璃幕墙。

2）塑料板

塑料板的适用范围、特性和有机玻璃相同，价格比有机玻璃板低，板材强度则不如有机玻璃板高。塑料板加工起来较涩，有时会给制作者带来不必要的麻烦，建筑与景观模型制作时最好不要选择使用。

3）聚氯乙烯

聚氯乙烯俗称PVC，又称为装饰膜或附胶膜。PVC全名为Poly vinyl chlorid，主要成分为聚氯乙烯。PVC的本质是一种真空吸塑膜，用于各类面板的表面包装。主要有片材、管材、线材，应用于建筑、包装、医药等多种行业。可分为硬PVC板和软PVC板。其中硬PVC板大约占市场的2/3，软PVC板占1/3。

● 硬PVC板

硬PVC板白色，不透明，不含柔软剂，因此柔韧性好、易成型，具有很大的开发应用价值，是理想的建筑与景观模型制作材料，常用来做形态观测模型、结构演示模型、仿真模型、产品样机等。硬PVC的弯曲性较有机玻璃大，易于加工，一般小美工刀可以刻穿，粘接性好。由于不透明，模型制作时可只刻出窗户后用于大比例模型（大于或等于1:250），或做圆弧阳台、雨棚等构件。

优点：易于加工、易弯曲、易成型、不易脆、无毒无污染、保存时间长；可电镀、可喷涂面饰。

缺点：材质结构密度不高，烘烤压膜时要随时掌握材料烘软的程度，喷漆面饰层不够细腻。

常用规格：厚度0.5mm、1mm、2mm～5mm。

● 软PVC

软PVC板不透明，表面光滑，柔软，有棕色、绿色、白色、灰色等多种颜色可供选择。软PVC中含有柔软剂，容易变脆，不易保存，所以其使用范围受到限制。软质聚氯乙烯的成品有彩色花纹地板胶、墙纸、电线套管、泡沫PVC等，在建筑与景观模型制作中，一般用于建筑墙面装饰、水管、油管管线布置、路面、地坪装饰、地板、天花板以及皮革的表层等。

性能特点：柔软耐寒，耐磨，耐酸耐碱，耐腐蚀，抗撕裂性强。

常用规格：厚度1mm～10mm，最大宽幅1300mm。

● PVC透明板

PVC透明板（见图4-9）是选用高级进口原辅材料所生产的一种高强度、高透明塑料板材。有白色、宝石蓝、茶色、咖啡色等各种颜色的产品。

性能特点：强度高、透明、无毒无污染，其物理性能优于有机玻璃。

图4-9 PVC透明板

常用规格：厚度2mm～20mm，最大宽幅1300mm，长度100mm～10 000mm。

PVC胶片是PVC透明板的一种，是一种硬质超薄型氯塑，机械强度好，表面能化学浸镀，有金色、银色、茶色、蓝色、绿色等，具有镜面的效果，可卷曲和刻划，适合制作现代建筑和透光的玻璃幕墙。

（2）ABS板、塑料板、聚氯乙烯及加工方法

用塑料来制作模型的，通常是展示概念模型、仿真型或产品样机。一般选用的材料为有机玻璃板、PVC板、ABS板等。

常用切割方法有三种，其一是用勾刀、墙纸刀切削；其二是用钢锯或线锯锯削；其三是用手工刨刨削。

黏结剂主要选用的品种有三氯甲烷、二氯乙烷、502胶水等。曲面、弧面、球面的制作要先用石膏、木胶合板、密度板等材料加工成型模（冲模或母模），再将塑料板加温而冲压成型或围合成型。塑料加温软化成型方法要根据材料的耐温特性而定，PVC板材加温在100℃～120℃，可选用干燥箱或调温烘烤箱的加热方法。

2. 泡沫塑料板及加工方法

（1）材料及特点

聚苯乙烯（PS）类塑料板又名苯板、泡沫板、泡沫聚苯板或EPS板，俗称保丽龙，是一种比较古老的塑料，用化工材料加热发泡而制成。目前生产工艺已经较为完善，其用途也较为广泛，是制作模型常用的材料之一。

泡沫塑料板材料购买容易，在一般的化工用品店、装饰材料店都能买到。其规格有1 000mm×2 000mm，厚度有3mm、5mm、8mm、10mm、20mm不等。当所需规格大于产品规格时（一般指厚度不够），可用乳胶将其粘贴后加工或加工后粘贴。市场上经常出售的有HIPS和GPPS两种。HIPS为改性的高抗冲击性的聚苯乙烯，具有很好的抗冲击性能；GPPS（或GPS）为普通聚苯乙烯。

由于该材料质地较粗糙、松软，易于加工成型，稳定性好，又便于着色，可以与任何颜色及涂料混和掺合，便于制作和黏结。是制作结构性的设计模型以及制作山地、地形、地貌和林带的极好材料。

在设计工作的初步阶段，无论是产品形态观测模型还是建筑单体模型与整体规划模型，使用泡沫材料将设计物体的大体分布和形态表现出来，是十分简洁和方便的。

优点：造价低、材质轻、质地松软、易于加工，有利良好的透明性（透光率为88%～92%）和表面光泽，容易染色，硬度高、刚性好，有良好的耐水性。

缺点：质地粗糙，不易着色，容易被腐蚀（着色时不能选用带有烯科类的涂料）。

（2）基本加工方法

泡沫塑料板是制作模型中最廉价易得的模型材料，在做产品设计的方案研讨及调整形态时多用此材料，也是模型课程教学中师生们的首选材料。泡沫塑料板加工方便，所用到的工具不多，一般用24牙手工钢锯、电动线锯、钢丝锯、美工刀、电热切割器即可加工。通常用钢丝锯或电动线锯进行切割，用美工刀、手术刀、锉、砂纸等辅助工具修整。泡沫塑料制成的模型部件，一般用双面胶条或乳胶粘接组合。

1）切割

泡沫塑料板切割分为冷切与热切两种。冷切也称为锯切（钢锯、钢丝锯）与刀切，一般在切割中，较厚的材料用锯切，较薄的材料用刀切（刀要求薄，刃口要锋利），钢丝锯（木工用的线锯）是切割泡沫塑料板的优良手动工具；热切是根据泡沫塑料板加热被熔的特性采用电阻丝（二胡琴弦、扬琴弦都可以）通电加热后进行切割。一般是将电阻丝装在工作台上固定不动，移动泡沫塑料沿所画的线进行切割。切割平面时，可用硬纸板剪出所需切割的切面形状（模板），把模板固定在泡沫塑料上，电阻丝顺着模板进行切割。用这种方法切割下料，切形既平整又可靠，效果也比较好。

2）锉削

切割形样的边或模型的表面，视锉削量的大小多少，可选用各种锉刀进行锉削加工。锉刀有工种之分，粗细之分及形状之分，木工锉用于粗加工，金工锉用于精加工。锉削按先粗后细进行。

3）磨削

加工锉削后，模型表面还会比较粗糙，需用纱布或砂纸进行打磨，打磨时选用纱布也是先粗后细，使模型达到确定的尺度和表面的平整光滑度。

4）粘结

泡沫塑料板模型是将产品形态分解成若干个形块加工好之后再进行粘结组合而成。在块体粘接时，应依据两连接面之间的大小、位置准确加工好定位销与定位孔，再刷上白乳胶或合成胶水，将块体合起加紧固定，待干后进行修正合面线及细部处理。

5）修补

模型体形粘接好后，在面饰前要仔细修补表面所留的凹凸痕迹缺陷，用锉刀和纱布去掉凸的痕迹，用水性腻子填补凹的痕迹，待干后用纱布轻轻打磨到所需的程度。

6）面饰

泡沫塑料板模表面有很多的小孔，用水加点白乳胶与石膏粉混合，搅拌成很稀的膏灰抹刷在表面，干后再抹刷一次，达到较平整，待表面浆体干固后，用细纱布打磨平整光滑，再用气囊吹净粉尘，刷上一层白乳胶或喷涂一层虫胶漆，干后就可喷漆面饰。

3. 聚氨酯

聚氨酯是一种热固性树脂，其化学性质与聚苯乙烯的性质有很大的差别。聚氨酯较适用于精密的制作，不易变形，但更易碎裂，弹性也稍差。应该选用高密度的聚氨酯材料（大约40kg/m³）。但这种材料在加工中，会产生刺激性的尖屑，因此在使用这种材料制作模型时应戴上口罩。聚氨酯有多孔的表面，也应在上色前做前期处理。

聚氨酯外观似海绵，疏松多孔，柔软且富有弹性。经喷涂、浸泡和破碎处理后可制作树球、花粉和林带。

4. 发泡PU

选择泡沫塑料做模型，最好选用一种结构细密、密度均匀的泡沫塑料。发泡PU塑料作为模型制作材料远远优于发泡PS材料。发泡PU是利用树脂与发泡剂混合在容器中发生化学反应挤压而成，为热固性材料，可分为软质发泡和硬质发泡两大类。软质发泡PU主要用来制作软垫、海绵等产品。硬质发泡 PU 具有坚实的发泡结构，密度从 0.02g/cm³ ~ 0.80g/cm³，具有良好的加工性，不变形、不收缩，轻耐热（90℃ ~ 180℃以上），是理想的模型制作材料，也可作为隔热、隔音的建筑材料。发泡 PU 又称为钢性泡沫塑料。采用聚甲基丙烯酸制成的发泡 PU 材料，是专为航天工业结构模型制作的材料。这种材料坚硬、紧凑、均匀，有一定的强度和光滑的表面，易加工制作。虽然价格较高，但对要求精度极高的模型制作来讲，仍是很好的选择。常被应用于城市规划模型制作的领域中，是用来制作概念模型、扩展模型的理想材料。泡沫塑料能很容易地用刀或热金属丝（热锯）切割；也可以手工用粗齿锉、锉刀或砂纸切割。另外，在高温时会产生令人难受的烟尘。在粘贴此种材料时，须使用一些特殊的胶黏剂，使用时最好先做粘合测试。

5. 即时贴、双面贴、窗贴

即时贴是一种软质丙塑（PP 塑料），是应用非常广泛的一种展览、展示性用材。质轻强度大，耐热易燃烧，色泽丰富，染上荧光色料、镭射粉、反光粉、花纹或各种颜色，背面涂上不干胶后，便成为色彩丰富、使用极为方便的即时贴。

即时贴的分类及用途：即时贴分为不透光贴、透光贴、镭射贴、花纹贴、反光贴多种，一面色泽鲜艳、一面自带不干胶，剪刻下来撕去衬纸即可贴用。它可以装饰模型的水面、房屋立面、建筑饰线、地坪、屋顶、横行道、快慢车道等。如对其进行氧化或电化处理后，还可制成质感极好的特灵珑贴和不锈钢贴。

该材料价格低廉，裁剪方便，单、双面覆胶，是一种表现力较强的模型制作材料，其缺点是粘接的耐久性不强，因为模型有时粘接面太小。

6. 环氧树脂倒模材料

环氧树脂倒模材料又称 EP 材料，它由树脂、固化剂、增韧剂、释缓剂、填料等构成。成品的环氧倒模剂有两种，一种是原剂，另一种是固化剂，使用时需调和在一起。这种材料是一种易于流动的胶液体，在空气中停留数小时便固化，因此可塑性很强。

环氧树脂倒模材料分类及用途：倒模的模具使用石膏模、泥模、木模、钢模等均可。它可以制作家具模型、汽车模型、雕塑模型、船舶模型、人物模型、桥梁模型、亭阁模型等。如在其中添加玻璃纤维，便制成了玻璃钢材料，更为坚固。用这种倒模材料制成的模型"零部件"是土黄色的，如打磨后用自喷漆喷涂后，便成为色泽鲜艳、细腻光滑的成品模型材料了。

7. 有机玻璃板（PMMA）及其加工

（1）材料及特点

有机玻璃俗称亚克力（ACRYLIC），又叫压克力或亚加力，学名为聚甲基丙烯酸甲酯（PMMA）。是一种开发较早的重要的热塑性塑料，它是玻璃态高度透明的固体，机械强度高，抗拉、抗冲击度均比无机玻璃高 7 ~ 8 倍。一般广告招牌（看起来像塑料的）便是亚克力做的。有机玻璃板具有较好的透明性、化学稳定性、易染色，加工较其他材料难，但强度高、易于粘贴。用亚克力板做出的模型挺括，外观优美，保存时间长，为最常用的建筑材料之一。该产品通常可以分为浇注板、挤出板和模塑料。有机玻璃板颜色较多，是最好的制作建筑模型墙面、房顶、台阶、底盘和水面等的材料。有机玻璃板虽然价格较高，但制作出来的模型的效果很好，是制作高档模型及长期保存模型的理想材料。

有机玻璃除了板材还有管材、棒材等制品。有机玻璃的厚度分为1mm、2mm、3mm、4mm、5mm、8mm几种。最常用的为1mm~3mm,3mm~5mm一般用来做有机玻璃罩。模型制作常用板材大小规格为1 200mm × 2 400mm,1 200mm × 1 200mm,厚度为10mm~200mm。模型制作常用棒材长度大小规格为500mm,直径为4mm~300mm。适用于一些特殊形状。板材常用于建筑与环境模型主体结构材料,是水面制作的首选材料。

有机玻璃的种类较多(见图4-10),常见的有透明和不透明之分。可以做成无色透明、五颜六色的材料。如有茶色、淡茶色、白色、淡蓝、淡绿、珠光、亚光、荧光、夜光等;不透明的主要有瓷白色,瓷白色一般用来做灯箱等。

(2)有机玻璃的加工

有机玻璃的材质特征决定了加工较其他材料难,但易于粘贴,强度较高。

对有机玻璃可以进行很精细的加工,烘软后可以弯曲成型,非常适合用来制作弧形的建筑型部件,如角窗、天窗和遮阳雨篷等。有机玻璃加

图4-10 各种有机玻璃

温80℃~100℃,可选用热水浸烫、红外线灯照射,或高温电吹风机加热等方法。在切割时,可采用机械工具和手工工具。有机玻璃硬而脆,极易切割。手工切割时可用尺和美工钩刀或钢锯条磨制的钩刀进行划刻,当钩划到2/3的深度时,将材料的切割对准工作台边掰断即可。在制作立方体模件时,需要将粘接的边斜切割或修整成45°,这样立方体模件才能粘合得很密封。

有机玻璃的各部件粘接简便,黏接剂采用氯仿(三氯甲烷)和丙酮(二氯乙烷),前者粘接快,牢度高,但有较大的毒性,需在通风好的场所操作;后者的粘接性、牢固性较前者差,且粘接慢,但无毒、无痕迹。两者皆可选用,视个人爱好而定。粘接时,将粘接溶剂抽入玻璃注射管之内,然后将其轻轻地注在粘接面上,待稍微溶化后立即粘接并施加一定的压力。另外,在制作玻璃幕墙时,可将有机玻璃用美工刀的刀背划分窗格,再用浅颜色的水粉颜料涂在划痕上,然后将有机玻璃擦干净即成。如果需要在表面进行颜色处理,应了解和熟悉各种涂饰材料及工艺所产生的视觉效果。涂饰材料有调和漆、水粉颜料、丙烯颜料和油画颜料等。

小型的有机玻璃加工工具有钩刀、铲刀、切圆器、什锦锉、什锦钳、起子、手钳、台钳等;电动工具有台锯、砂轮机、电钻、台式曲线锯、曲线锯、手提盘锯、磨光机、压刨机;还需辅以大小钢锯、钢尺、砂纸、刨子、角尺等木工工具;如有小型车床、雕刻机则更好。车床能车出各种曲面形体,例如锥体、穹顶、水塔等;喷漆工具可用自喷漆(灌喷漆),也可用水泵、大小喷枪或喷壶,有时也用小气泵、喷笔。有机玻璃也可以采用各种装饰纸作为面饰,如不干胶和色纸等。

有机玻璃的用途:在制作大比例模型时(大于或等于1:200),如用来作为墙面、窗户,刻通后贴玻璃,由于墙面需要喷漆,任何颜色皆可;在小比例模型中,正面用胶带刻窗户后喷漆,背面裱银膜或喷银粉漆,所选用的颜色需与建筑物的玻璃颜色一致。当遇到特殊颜色时,要向有关有机玻璃厂(化工厂)定制。

4.2.4 金属材料及加工

1. 金属材料

金属材料是模型制作中经常使用的材料。在模型制造中,铁丝、金属薄板、金属网络和型材或断面不仅用于支承结构、钢结构、建筑物外观、栏杆的扶手或是其他金属构造,也用于作为设计概念的特殊例证和说明。如底板可用铝板制成;地板、墙壁、屋顶、交通和水域部分可用不同的金属薄板制成;整个模型主体可由许多着色的金属块组合而成。金属材料一般用于景观建筑及小品的加工制作。

金属材料(见图4-11、图4-12)分钢铁材料、有色金属材料及合金材料。直接用于建筑与景观模型表面的金属材料主要由不锈钢、铝合金、铜、铝、锌、铅、铸铁等板材、管材、线材三大类材料组成。常用于底盘与面罩的制作以及环境模型中的关岛、路灯、电杆、栏杆等。

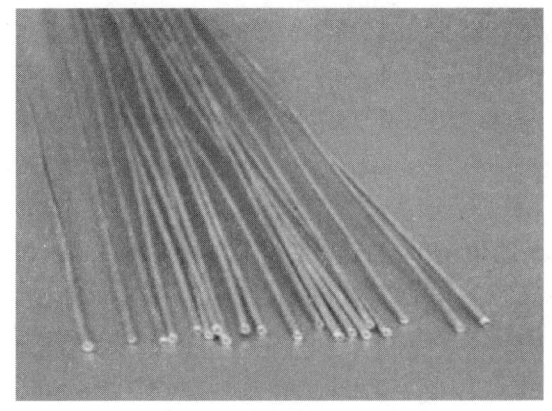
图4-11 金属材料(1)

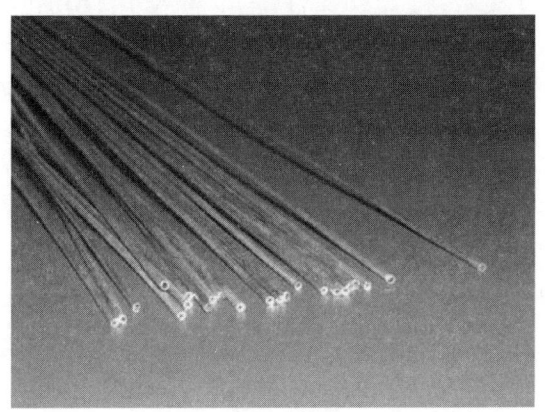
图4-12 金属材料(2)

2. 金属材料加工

在模型制作过程中,金属片、管、杆的制作均需弯折屈曲,可通过人工和机器两种方法进行屈折制成。人工通常可屈折0.5mm厚的金属片和较长较细的金属杆、管。对于较厚的金属板材及长度较小的金属片、管、杆等,其屈折可借助于工具。在建筑与模型表现中,常用的金属品种如下:

(1)铝合金。在铝中加入一定数量的铜、镁、锰、锌等金属,可制成熟铝即铝合金。

铝合金特点:质轻价廉,其强度却可与钢材媲美,又无需做防锈处理,还可以做"氧化着色"处理,显现不同的颜色,如金黄色、青铜色等。

铝合金材料的品种和用途,在中小型模型制作中与不锈钢材料差不多,且其成本较低、加工成型更容易。铝合金材料对酸、碱的抗蚀性极弱,因此不能使用玻璃胶黏接。

(2)不锈钢。在普通钢中掺入12%~18%的铬、镍等元素,就制成不锈钢。不锈钢材料一般不易生锈,但它只是在空气、水等弱介质中不生锈,如遇到酸类强腐蚀性的介质仍会生锈。

不锈钢材料品种:不锈钢角钢(L型)、槽钢(U型)、扣板(⌒型)、不锈钢板(分0.3mm、0.4mm、0.6mm、0.8mm等厚度)、不锈钢扇型材料(《型)、不锈钢管(分方管与圆管)、不锈钢球等。

不锈钢材料用途：以底盘为例，一般小型模型底盘边可以用不锈钢角钢或槽钢装饰；中型模型底盘可用不锈钢扣板或扇形材料包边装饰；大型模型底盘就要用扇形材料做框、内贴不锈钢板包边进行装饰。

以面罩为例，大型模型的面罩可以用不锈钢方管、圆管及钢球做骨架装饰。

不锈钢加工方法：不锈钢材料在模型底盘加工时应采用烧（电）焊、打磨、抛（上）光的加工成型方法，而不能简单采用万能胶、玻璃胶固定成型。

（3）铅。铅制模型是浇铸而成的，因此大量的前期工作花在模具的制作上。模具采用砖雕或翻砂而成。通过将铅熔化后浇入模具经过冷却而成。

铅的用途：其主要用来制作古建筑和放大的古建筑局部（如斗拱、檐口瓦当、栏杆等）和复制古董。大比例古典建筑模型中做一些复杂的檐口、栏杆等配件。

现在一些铅制的模型成品在市场上可以买到，如小拱桥、四角亭、八角亭、九层塔等。这些成品只要比例选用恰当，点缀于模型的园林部分，能起到一定的美化作用。

（4）其他金属材料。其他金属材料包括白铁皮、铜丝、铁丝等，常用来在一些特殊模型，如油库模型、港口模型、桥梁模型中。例如做油罐需用镀锌或镀锡薄钢板（俗称白铁皮和马口铁）；做铁塔要用铜丝焊接；做桥梁要用细钢丝拉弦。有些特大型模型的底盘还需用角铁加固。

若是能够掌握此类材料的多样花色和种类，我们就可以去做各种有趣的试验。此外，建筑和景观模型制作中使用的金属材料，并不是现加工制作的。因为金属材料的加工工艺对模具等方面要求很高，手工制作很难达到精度要求。所以一般采用型材或替代品，如一些PVC、尼龙等新材料经过简单的加工和整理而成替代品。此外市场上现出现一些进口的成品部件，可以直接用于建筑与景观模型制作。

金属的表面能被雕刻或是刻凿和上色。研磨使其不光滑，磨光能提升表面的效果，有色金属和黄铜尤其可用化学方法染色，若是要镀锌、镀镍或是镀铬，则需委托专业的企业。有时使用某些特殊的工具是必要的。如锐利的切割、没有任何缺口而精确的角规和精确的工作，在制作金属模型的过程中是很重要的。在弯曲和切割时需要合适的钳子和剪刀，在电锯、钻孔、车削、铣磨或弯曲时，必须一直戴着护目镜。

4.2.5 石膏类材料及其加工

1. 材料及特点

石膏是一种适用范围较广泛的传统材料。由于有在常温下从液态转化成固态的特点，而且石膏易于成型和加工，又易于进行表面涂饰和与其他材料结合使用，所以它是模型制作较为理想的材料之一。由于具有较强的可塑性等特点，石膏也常用于翻模复制和为制作塑料模型的模压成型翻制阴阳模，所以在工业生产中有着广泛应用。

该材料为白色粉末状（也有灰色），是将天然石膏进行锻烧而成的半水石膏，加水干燥后成为固体，其质地轻而硬，常用来塑造各种物体的造型。该材料的缺点是干燥时间较长，不易清洁，在加工制作过程中物件易破损，加工后物体表面略显粗糙。

石膏材料成型方便，具有易于直接浇注、车削加工成型、墨板挂小成型、翻制粗模成型后加工、骨架浇注成型加工等优点；但是，如果用石膏制作大模型（山地、地形）则会出现过重的问题，不易搬动，容易损坏，而且与其他材料连接的效果也欠佳。

2. 石膏材料的加工

石膏模型是由石膏粉和适量的水调和而成的产物。一般来说，制作模型用的石膏浆所用石膏粉与水的比例取 1∶1.2～1.4 为宜，最好选用医用石膏粉。注浆用石膏所用石膏粉与水的比例为 4∶3；母模用石膏浆中石膏粉与水的比例为 5∶4。

石膏凝固的时间、密度、气孔率和机械强度与水的比例、水温、搅拌时间、搅拌速度及搅拌均匀度密切相关。水量越少，搅拌速度越慢，搅拌时间越短，水温越高，凝固越快，气孔率越低、膏体密度越大，强度越高（硬度高，也难加工）；反之，凝固时间越慢，膏体密度小、气孔率高，强度就降低（硬度低，较为松软，干后像粉笔，难以做精，难以面饰）。

做模型时，备用几种大小不同的塑料制品容器（碗、杯、盆、桶等）和一个盘秤，来秤混合用的膏灰与水的重量。不断地撒被磨成细小颗粒的石膏到水里，直到石膏几乎将所有的水都吸收为止，再搅拌两分钟之后就能顺畅地加工处理这些石膏。已经凝固的石膏是不能继续加水使其达到再次柔软的效果的（这样的混合物只会变成碎屑），而是应该重新调配。调制石膏浆可根据需要加入添加剂，添加剂对石膏凝固速度与强度也有影响。加盐能使石膏的凝固速度加快，加入胶液（化学纤维素胶黏剂）能使石膏的凝固速度减慢而强度增加。

石膏粉的储存时间不长，因为它会随着时间吸收空气中潮湿水气，然后就再也不能真正硬化了。需要注意的是，已经干燥的石膏模型吸走涂上的石膏灰泥的水分很快，导致新补上的石膏泥会立刻凝固。

用于石膏模型加工的工具相对于其他材料的加工工具要简单，主要有雕塑转动加工台、旋胚机（加工类似圆柱的规整模型）、雕塑刀、木刻刀、刮刀、铲刀、钢锯条、卡规等。辅助加工材料有油毡（翻模用材料）、脱模汁等。

石膏粉在吸水后有迅速固化的特点，所以对水分的掌握是调浆工艺的关键。调制的方法是：根据模型的体量用盆盛好适量的清水，用手将石膏均匀地洒入水中，当石膏粉堆出水面一部分时，轻轻摇动盆使石膏水中的空气逸出。然后把余水倒出，从盆底开始搅拌，搅拌时均匀而缓慢，避免起泡，搅拌的时间不能过长。搅拌后石膏成为浆状，开始慢慢凝固，此时要立刻开始浇注。

初型模板选用木块、胶片板、薄型锌片板、不锈钢板等材料做底板与围壁。使用时，为防止石膏浆漏出，用黏土把围壁底部和围合接缝处的间隙填塞好即可浇注。由于制作石膏模型时膏体容量与多种物质粘结，浇注前应在模腔内涂刷一层脱模剂（肥皂水）。

有的石膏模型是由多个块体粘结拼合而成的，有时，某些部位发生断裂或碰损而需要粘合，通常的方法是用乳白胶粘接，也可以在乳白胶中适量地掺混石膏粉，以提高粘结的牢固度和速度。

制作石膏模型时难以避免出现一些气孔、坑凹及留下痕迹等缺陷，需要填充修理。当设计者要加工处理一个石膏模型时，需用粘满水的毛刷或海绵来湿润要处理的地方，再用湿毛笔粘上石膏粉逐处填补，待干固后，用刀、锐角铁之类的东西轻轻切削、打磨掉修补的痕迹。

对石膏模型可进行表面的色彩装饰。常用饰面的方法有两种，其一是喷涂着色法，即在模型上用酒精漆片（虫胶漆）涂覆一层漆膜，再喷饰色漆；其二是混合着色法，即在水中加入色素或水粉色，再与膏灰一起搅拌混合，待凝固后无论采取何种加工方法，都具有较均匀的色彩效果。

4.3 辅助材料及其加工处理

在模型制作中，确定了主要制作材料之后，辅助材料显得比较随意。首先是材料科学的发展使得可供选择的范围扩大，其次是表面处理的手段也更加多种多样。一般都选择效果好、加工方便、经济适用的辅材。

4.3.1 黏接剂及其使用

粘贴是建筑与景观模型成形的重要手段之一，为了确保模型的质量，了解黏接剂的种类以及黏接剂与所粘材料的性质是非常重要。模型粘接，适用黏接剂将不同的部分紧紧地连接起来。粘接是一种先进的工艺方法，具有工艺简单、操作方便、粘接处应力分布均匀、不易变形、绝缘、耐水、耐油和密封等特点。黏接剂在模型制作中占有很重要的地位，模型制作时依靠它把不同材料、不同部位连接起来，组成一个三维模型。

由于制作模型的材料种类很多，而黏接剂又与材料密切相关，因此，只要根据不同材质选用黏接剂并正确掌握粘接工艺，任何材料之间的粘接即可获得极好的强度，还可以使模型获得天衣无缝的效果。

黏接剂的外层是由黏接剂的硬化产生的（由于干燥或化学反应）。因为粘贴平面的塑造和事先的准备，粘贴的耐久性由两种因素左右：附着性和内聚性。当一张湿纸附着于玻璃表面，或两个玻璃平面被中间夹的水层包膜结合在一起，这就是将材质粘接的附着性力量。材质和黏接剂间的接触面越窄，就越能达到高度的附着力，这样的接触面只有在材质和黏接剂中没有松动的物质和空气存在时才能达到，粘贴面必须保持干净和没有灰尘。同时将材质的表面稍微弄得粗糙些可改善附着力（异物的清除和表面的扩大）。内聚性是粘接的各部分彼此的组合。黏接剂内聚性依品质而定。黏接剂均匀地涂抹在粘贴面上，并且不宜过厚，此时黏接剂的内聚性得到最好的利用。

粘接处接缝的耐久性不仅取决于适合材质的黏接剂，还取决于对接缝处的处理。扩大粘贴面是重点之一。

练习4—1　如何对模型进行粘接操作

1. 清除表面的异物（剩余的颜料、灰尘以及剩余的黏接剂）。
2. 利用磨光将表面弄粗糙。
3. 粘接面去脂（酒精、稀硝酸基）。
4. 干燥粘接面。
5. 不触摸准备好的粘接面。
6. 均匀且薄薄地涂上黏接剂。
7. 等待空气排出的时间（如果有这样的状况的话）。
8. 让新涂上的粘贴面远离灰尘，停止磨光机和电锯的工作，直到这部分被粘接为止。

在使用不同的黏接剂时要考虑到有些黏接剂可以填补小空隙或是裂缝。这样的黏接剂有两种组成成分：瞬间胶和溶剂胶。它们各具特色，使用时应视粘结面而定。

在建筑与景观模型表现中常用的模型黏接剂如下。

1. 无化学反应的黏接剂及使用

（1）白乳胶

白乳胶又称白胶，为白色黏稠液体，该胶粘接操作简便，干燥后无明显胶痕，粘接强度较大，干燥速度较慢，是粘接木材和各种纸板的黏接剂。白色胶浆由在水中会膨胀的人造树脂所组成，在水分蒸发后，人造树脂会形成一层无色的薄膜。这种黏接剂使用前提是至少有一种材质是可以透气的，溶剂的水分才能蒸发。它干固较慢（约24小时），干后是透明状，易融于水，使用方便，常用于大面积黏合木料、墙纸和沙盘草坪。某些情况下可以用白胶粘接纺织品、纸箱和纸类。

（2）胶水（胶棒）

胶水为水质透明液体（见图4-13）。适用于各类纸张粘接，其特点与乳白胶相同，粘接强度略低于白乳胶。

（3）喷胶

喷胶为罐装无色透明胶体。该黏接剂适用范围广、粘接强度大、即喷即用，使用简便。在粘接时，只需轻轻按动喷嘴即可均匀地喷到被粘接物表面，数秒后即可进行粘贴。该黏接剂特别适用于较大面积的纸类粘接或不便刷胶的粘接。

（4）美纹纸

主要用于喷漆时起遮盖作用，喷漆完毕后揭开。单面为纸基粘接材料，按不同规格分为不同宽度，其适用范围很广，尤其是在分色喷漆时必不可少。

（5）双面胶带

双面胶带为带状粘接材料，胶带宽度不等，胶体附着在带基上（见图4-14）。该胶带适用范围广，使用简便，粘接强度较高，主要用于大面积平面的纸类双面粘接。

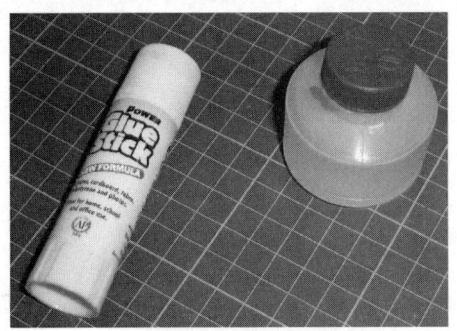
图4-13　胶水

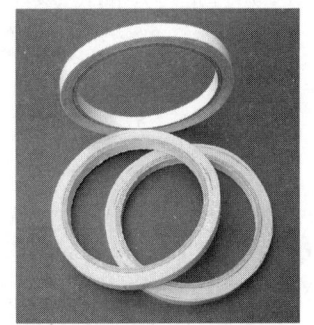
图4-14　双面胶带

2. 有化学反应的黏接剂及使用

溶剂胶是以人造树脂组成并在溶剂中可被溶化的人造生胶。溶剂蒸发后，胶的表面则会硬化。也就是说，溶剂会穿透金属或是粘贴的结合处挥发。因此，如果作品的成分材质是可渗透的（如纸类、厚纸板、纺织品、皮件或木材），或粘贴的结合处呈狭长状、或是延展开来的厚重材质（金属或是人造材质），就能够使用这些黏接剂。

注意： 有些溶剂对人造材质会有腐蚀，所以除了模型制作外仍然应该进行粘贴试验。对于聚苯乙烯、亚克力、软的或硬PVC来说，都有各自的黏接剂。

（1）丙酮、三氯甲烷（氯仿）（见图4-15）

两者均为无色透明液状溶剂，易挥发，是粘接有机玻璃板、PVC、赛璐珞片、ABS板的最佳黏接剂。但是这些溶剂一般易燃、易挥发、有毒，所以在粘接时要注意通风，注意安全。使用后要妥善避光保存溶剂。一般有机玻璃商店、化工商店均有售。通常使用时需用注射器。注射器以容量5mL，针头以5#、6#、7#为宜，需要多少就装多少。

图4-15 三氯甲烷

练习4-2 如何粘接丙酮和三氯甲烷

1. 被粘接物的表面要清洁、平整，有水分、油污会影响粘接质量。
2. 两个被粘接物之间的粘接有搭接、对接、斜接和凹凸接等几种方法。
3. 粘合剂的涂刷方法有针管注射和毛笔涂刷等。
4. 粘接前应将被粘物表面处理毛糙，并用涂刷工具将黏合剂涂刷均匀。
5. 将黏合剂分别涂在工作件的粘接面上，稍微溶解粘接面后，应按正确的位置进行粘接，并适当施加一定的压力将工件粘合在一起。
6. 丙酮和氯仿溶剂蒸发快，干燥速度快，一般在粘接后半小时左右即可使用。
7. 丙酮和氯仿都有毒性，并容易挥发，在使用时要注意安全使用和保存。

（2）502胶

502胶又称瞬间快干胶，为透明胶水，及易干（见图4-16）。借助空气或是湿度反应，瞬间胶分为可渗透和不可渗透两种。因为可以产生快速而耐久的连接，不必将物质长时间握持或紧压。502胶的使用很方便，主要用来粘接各种塑料、木料、纸料。黏性极强，对皮肤有腐蚀性，要小心使用。该黏接剂使用简便、干燥速度快、强度高。是一种理想的黏接剂。该黏接剂保存时应封好瓶口并放置于冰箱内保存，避免高温和氧化而影响胶液的粘接力。

（3）立时得

立时得又称万能胶，为黄色胶液，主要粘接夹板、防火胶板。粘合时需要将被粘体清扫干净，用刮刀（亦可用夹板条，金属片）将胶液涂抹于被粘体的表面，涂抹要薄而匀，待10~15分钟干固后再粘合并稍加压力。

（4）模型胶

模型胶又称UHU胶（见图4-17），为透明胶液，主要粘接各类胶片、纸张，凝固很快，粘接后无明显痕迹。挥发快，用后要封闭牢固。

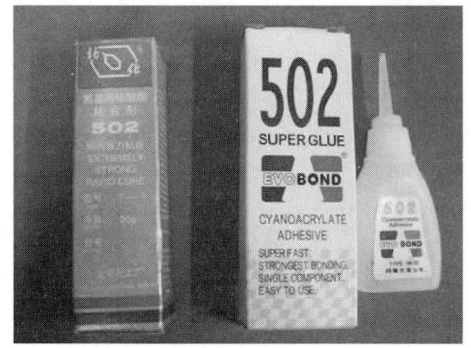

图4-16 502胶

图4-17 模型胶

（5）瞬间胶

借助湿度或空气反应，瞬间胶分为可透性和不可透性两种，因为可以产生快速而耐久的连接，不必将物质长时间握紧或紧压。瞬间胶使用方便，有利于在金属、橡胶、塑料、玻璃和瓷器上使用，也可以使用在编织物上。

（6）Hart黏接剂

Hart黏接剂又称U胶，此胶最初产于德国，为无色透明液状黏稠体。其适用范围广泛，使用简便，干燥速度快，粘接强度高，耐碰撞、耐冲击。粘接后无明显胶痕，易保存，是目前较为流行的一种黏接剂。U胶对漆和ABS板有腐蚀性，会破坏油漆面，使用时要小心。

（7）4115建筑胶

4115建筑胶调好后为白膏状体，适用于多种材料粗糙粘接面的粘接，粘接强度高，干燥时间较长。

（8）热溶胶

热溶胶为乳白色棒状，一般是通过热溶枪加热，将胶棒溶解在粘接缝上。其粘接速度快，无毒、无味，通过胶枪使用更为方便，粘接强度高。

（9）生胶

生胶又称水胶，为弹性透明胶，主要用于纸张的黏合。黏合后的纸张可撕起，不会损坏。

3. 其他特殊黏接剂

黏合剂除上面介绍的种类外，尚有不干胶、101胶（见图4-18）、309胶水（功能类似万能胶）、801大力胶、504胶、泡沫胶、四氢氟喃、导电胶、无影胶等。这些黏接剂都用于模型制作中不同材料的粘接，选用时根据不同材料、用途、装饰和经济情况而定。

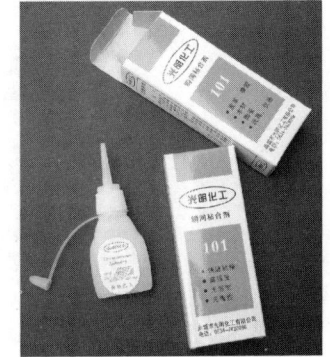

图4-18　特殊黏接剂

4.3.2　常用辅助材料及其使用

1. 仿真草皮

仿真草皮又叫草绒纸（见图4-19），是用于制作模型绿地的一种专用材料。该材料质感好，颜色逼真，使用简便，仿真程度高。绒纸有国产和进口之分，颜色很多。目前，此材料的产地分别为日本、德国、韩国和我国台湾地区，价格偏高。仿真草皮在曲率变化较高的山地表现中有其局限性，故专业公司一般都采用直接静电植绒。绒纸可根据需要自制，其方法是：将细锯末染上所需的颜色，然后选择相应的有色卡纸，在卡纸表面涂上乳胶，再将染色的锯末撒在纸上，反复粘撒，直至达到所需的效果为止。

2. 绿地粉

绿地粉主要是草粉和树粉，用于绿地树木和草地的制作。该材料为粉末颗粒状，色彩种类较多，通过调和可制成多种绿化效果，是目前制作绿地景观常用的一种材料。目前市面上有成品出售（见图4-20）。

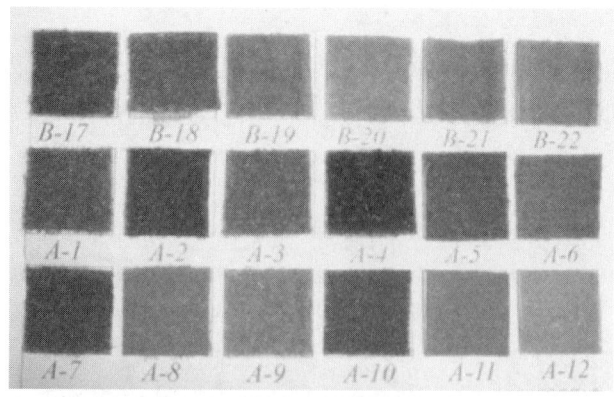

图 4-19 仿真草皮

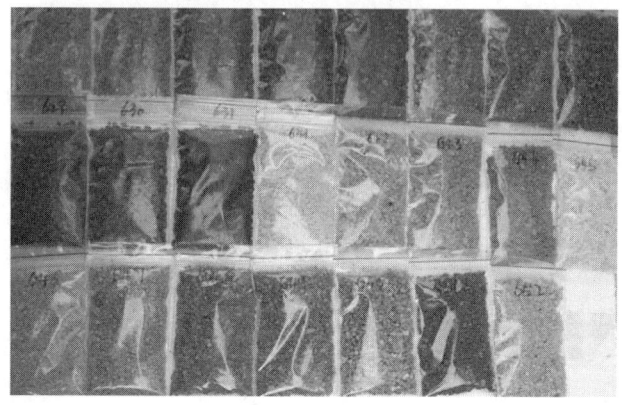

图 4-20 绿地粉

3. 发泡海绵（泡沫塑料）

泡沫塑料（见图 4-21）主要用于绿化环境的制作。该材料是以塑料为原料，经过发泡工艺制成，染色后是制作比较复杂的山地、沙滩、树木等环境的理想材料，具有不同的孔隙与膨松度。泡沫塑料松软、弹性好、透气、可塑性强，经过特殊的处理和加工后，可制成各种仿真程度高的树木、草坪和花坛，是一种使用范围广、价格低廉的制作绿化环境的基本材料。在制作时，用剪刀或手工刀来修剪所需的形状，一般是剪成球形、锥形和自由形等。在制作完成所需的形状后，用颜料染成所需的颜色。

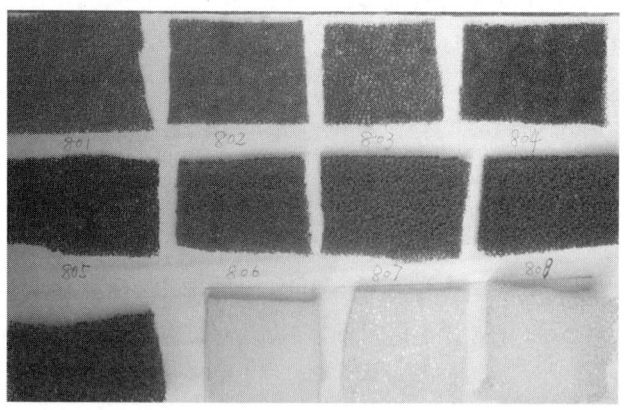

图 4-21 泡沫塑料

4. 纸黏土

纸黏土是一种制作模型和配景环境的材料。该材料是由纸浆、纤维束、胶、水混合而成的白色泥状体。对纸黏土可用雕塑的手法把建筑物塑造出来。此外，由于该材料具有可塑性强、便于修改、干燥后较轻等特点，常用来制作山地的地形填充，有时在制作大比例的模型时也用来制作些人物、动物等造型。但该材料的缺点是收缩率大，因此在制作过程中，要避免尺度的误差。

5. 油泥

油泥是一种人工制造的材料，俗称橡皮泥，是模型制作中理想的配景材料。该材料的特性和纸黏土相同，其不同之处在于橡皮泥是油性泥状体，比纸黏土更具表现力，也更加细腻。在使用过程中不宜干燥，而且表面不易做其他处理。

用油泥材料加工模型，由于其材料的优良性能，不但加工方便、可塑性强，而且表面不易开裂，并可以收光和刮腻后打磨涂饰，还可以反复修改与回收使用，所以比较适合制作一些形态复杂与体量较大的模型；其缺点是一方面模型尺寸的准确性难以把握，需要借助精确的放样或坐标点测和对称定位加工，才能有效地保证形态的精确性。另一方面是在制作大模型时，必须与其他材料配合使用，才能节约材料成本和保证模型的强度。目前，油泥有国产和进口两种，国产油泥冷却后可塑造性差，进口油泥以日本产的最佳，冷却后可塑性较强，但价格较贵。

油泥材料的主要成分是滑石粉、凡士林和工业用蜡，使用时需要加热的温度一般在55℃～60℃左右，但不同品种的油泥加温软化的温度不同，购买使用时应该按使用说明进行操作。

油泥塑造模型方便，成型过程可以随意雕塑和修改，且成型后不易干裂，并可回收和反复使用。由于油泥成型具有很好的可塑性，被广泛应用于异形和曲线较为复杂的模型形态塑造，也被广大设计师应用于构思模型的制作与设计推敲。

用油泥制作比较大的模型时，油泥是模型的表层材料，需要加热后堆敷在填充材料模型（按产品设计形态制作的粗模）的表层，一般堆敷表层的油泥厚度不低于2cm。当模型较大时，堆敷表层的油泥应适当增加厚度。表层油泥堆敷完成后即可进行粗刮与后期处理。其他配合材料一般用于模型的内部填充，因为模型较大，所以内部填充的材料既要考虑支撑的强度，也要考虑使用能够减轻重量的轻质材料和结构。

6. 确玲珑

确玲珑是一种新型模型制作材料。它是以塑料类材料为基底，表层附有反光涂层的复合材料，色彩种类繁多，厚度仅0.5mm～0.7mm。该材料表面有特殊的玻璃光泽，基底部附有不干胶，可即用即贴，使用十分方便。由于材料厚度较薄，制作弧面时不需要特殊处理，靠自身的弯曲度即可完成，是一种制作玻璃幕墙的理想材料。

7. 多股裸铜线

主要用于绿色植物柱干部分的塑造。根据比例的不同，应该选择不同粗细和股数的铜线。

8. 赛璐珞片

赛璐珞（Celluloid）是由胶棉（低氮含量的硝酸纤维素）和增塑剂（主要是樟脑）、润滑剂、燃料等加工而成的塑料。1mm以下的赛璐珞片韧性好、易弯曲、易加工，用它可以做房屋、透空墙、路边石等。本品角质状，透明而坚韧，有热塑性，可在80℃～90℃软化；耐水、耐弱酸、耐弱碱、耐盐溶液，并能耐烃类、油类等；但浓酸、强碱和有机溶剂可使之溶解或破坏；遇明火、高热极易燃烧；长期储藏会逐渐发热，若积热不散会引起自燃。因此要注意安全。

9. 喷漆

用于建筑模型物体表面的喷色处理。有气泵式手持喷漆和罐装，使用方便。

10. 清洁剂

清洁剂如松节水、二甲苯等都被用于清洁盘面，具体用法视造成污瑕的原因而定。

11. 天然材料

模型可用松果和小树枝（见图4-22）、干燥的花草（见图4-23）、伞形花序或一些植物的果实以及其他天然物质。例如，天然植物的果实类，松树的松果，法桐的球果，各类豆子；天然植物的枝干、树皮，棕树或落叶松的小树枝；天然植物的花，干枯的鲜花及相类似的伞状花序都可以进行适当修剪整理，它们在模型中就能显示出自然的外形。内部结构不紧密的丝瓜纤维组织适用于大比例尺的森林或是小比例的森林外围树木，可用固着剂或发胶来固定这些东西。

图4-22　松果和小树枝模型

图4-23 干燥的花草模型

12. 工业废弃物

我们周围有许多可用在模型中进行装饰或仿真的材料,所收集的大量有关废弃物也可以培养人们对模型半成品的鉴别力。只要我们善于发现和运用,结合模型的使用目的就可以在模型中创造出更有特色的仿真装饰效果。用人造产品所作的树木,如球形树可用纸球、玻璃球(见图4-24)、大珠子、木球、木钉或圆柱、软木球、亚克力条、泡沫塑料胶垫等。有伞状树冠的树可用金属线锯屑、扎筋钢丝、钢丝球、人造丝棉、木屑、锯末等。

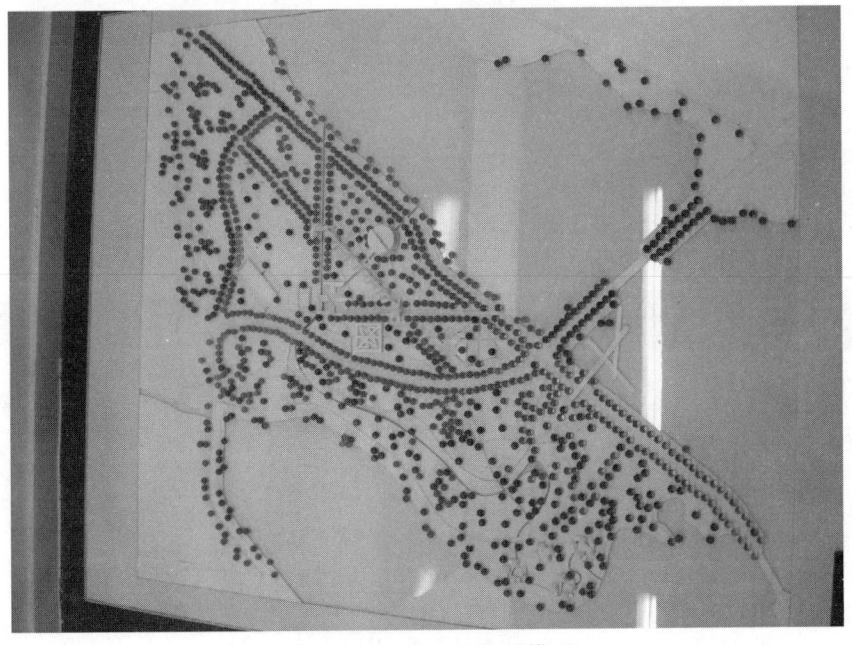

图4-24 纸球、玻璃球模型

依比例建构部分模型时，如汽车、提灯（灯笼）或家具以及构造上的接合点（枢纽、拉杆、结节薄板）等，一些废弃的，较小的零部件都能派上用场。所收集的大量有关废弃物包括电子元件、建筑部件、金属线、钢丝球、金属片等应用在船只、飞机、油库或铁路的模型制造中。例如用木球和木制的栓来做丛林和树的象征，垫圈的凹槽可用来做停车场，一个铝制铆钉头可用来当天窗。小螺丝、小滚珠可以当做雕塑小品，用医用注射器针头做路灯，造型独特的炉灰渣（见图 4-23）在建筑和景观模型制作中可当做假山石等。

13. 小型材质

生活中的小型材质有图钉、牙签、曲别针、大头针、记号针、线条等，还有自粘纸胶带或不同宽度和颜色的铝箔。在图钉的圆头表面粘上各色的不干胶，可模拟遮阳雨伞；牙签、大头针和记号针是为了组合模型和固定模型，除此之外也可借此制作模型；用线条可以描述出钢索构造，还可以确定出街道、巷道、工作模型中的平面边界；用大于 0.5mm 宽、不同颜色的自粘塑胶或是纸胶带，可以表现出模型外观、窗户、门的侧面和外框。

14. 型材

模型型材是将原材料初加工为具有各种造型、各种尺度的材料。现在市场上出售的型材种类较多，按其用途可分为基本型材和成品型材。基本型材（见图 4-25 至图 4-30）主要包括角棒、平圆棒、圆棒、圆管、屋面瓦片、墙纸，主要用于模型主体的制作；成品型材主要包括围栏、标志、汽车、路灯、人物、家具、卫生洁具等，主要用于模型配景及室内模型的制作。专业公司为使产品有个性，通常也考虑自己制作型材。

图 4-25　型材（1）

图 4-26　型材（2）

图 4-27　型材（3）

图 4-28　型材（4）

图 4-29　型材（5）

图 4-30　型材（6）

在建筑与景观模型制作中，通常应用的成品型材如下。

（1）人物模型

人物模型（见图 4-31）有用木头切片制成的人物、剪影人形、亚克力做成的人、大头针及纸衣做成的人形、硬泡棉做成的人形、橡皮泥、黏土、陶土或铁丝制成的人形。

（2）交通工具模型

交通工具模型可购买不同比例尺度及种类的汽车模型，也可按比例要求自己设计制作汽车模型（见图 4-32）。

图 4-31　人物模型

图 4-32　汽车模型

（3）家具模型

家具模型（见图 4-33 至图 4-35）可用泡沫、石膏、木头、硬卡纸等做成立方体、小方块、长方体及不同横切面或用亚克力来表示家具装饰。如小型家具和卫生洁具。

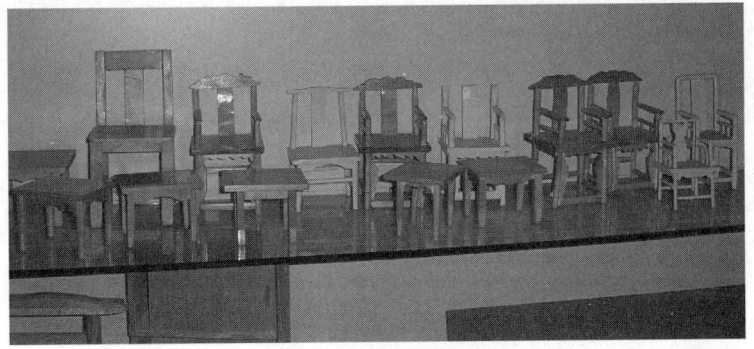

图 4-33　家具模型（1）

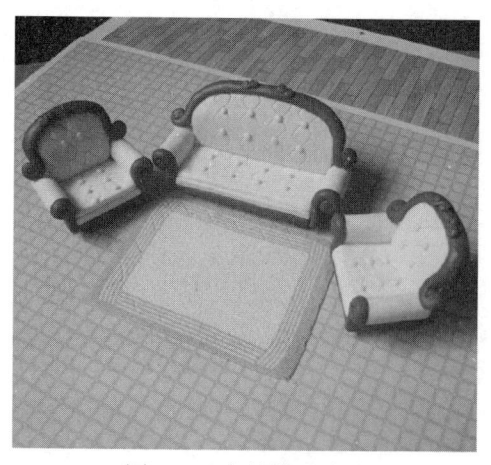 

图 4-34　家具模型（2）　　　　　　图 4-35　家具模型（3）

（4）其他小部件

其他小部件（见图 4-36 至图 4-41）如亭子、扶手、栏杆、栅栏、标志、路灯等小部件可用铁丝焊接而成，或直接购买合适材料、电子部件、模型制造配件、铁路模型、雕塑模型等。

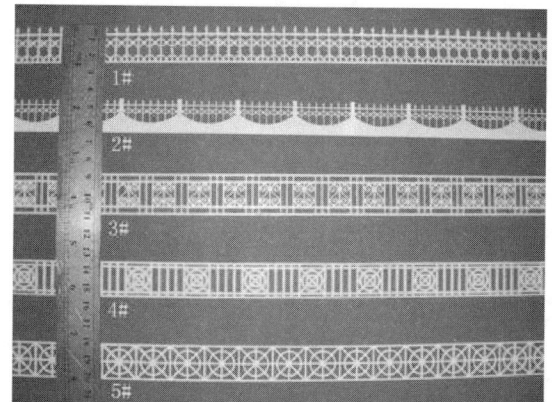 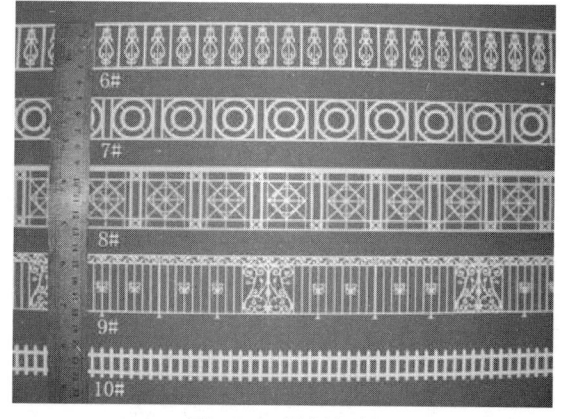

图 4-36　栏杆部件　　　　　　　　图 4-37　栅栏部件

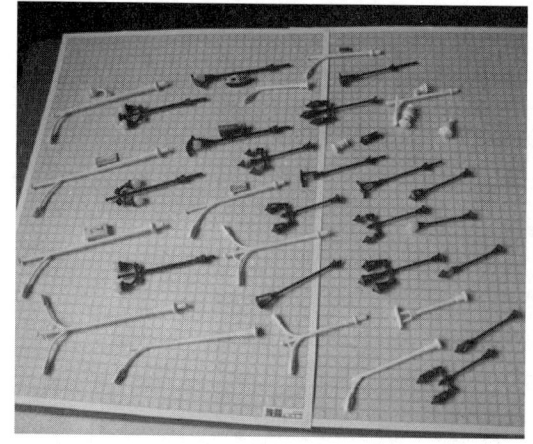 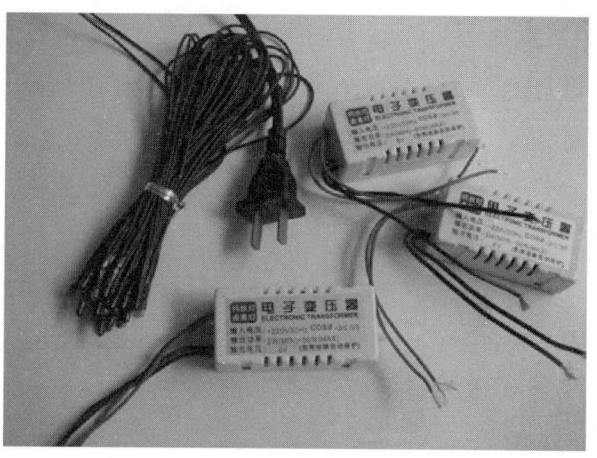

图 4-38　路灯部件　　　　　　　　图 4-39　电子部件

图4-40　装饰部件

图4-41　人及动物部件

4.4　制作模型的基本手工技能

制作模型首先必须具备一定的动手加工能力，这些能力主要是指空间形态的塑造能力、相关技术的基本技能和模型表层涂饰工艺等。

1. 空间形态的塑造能力

模型制作要求制作人员能够按照平面图的设计效果转化为空间形态的三维实体。空间形态的塑造能力犹如雕塑技能，要求操作人员在塑造形体的过程中具备把握实体形态及审美效果的能力。模型制作的过程也如同雕塑，在具体的制作过程中需要以堆、雕、铲、刻等手法和步骤进行表现，也需要像雕塑家一样用心、手、眼的配合来感悟和塑造从平面到立体的形体。如果能够学习、掌握一定的雕塑表现语言，就能更好地把握模型塑造的美感与真实性。当然，模型制作与雕塑不尽相同，其形态塑造要求能比雕塑更为理性地反映设计的真实效果。

2. 相关技术的基本技能

手工加工模型在原则上没有明确的界定。相关技术的基本技能，是指在加工模型过程中需要其他加工技术工序的配合，例如木工操作，钣钳工技术，熟练操作机械设备和其他加工制作技术。

掌握相关技术的基本技能，并根据模型制作的需要合理计划与合理选择加工方法，可以更好地把握模型制作的程序和模型制作的工整性。

模型的制作需要学习相关实践技术的基本技能。在专业学习的前期，应安排相关机械实习课程，如木工、金工等。在制作模型之前，进一步通过对相关的模型加工设备的使用来练习制作与设备加工相关的材料形态，增强设备操作的技能。只有如此才能为后期的模型制作奠定基础，保证制作工艺的效果。例如，木制形态的制作应如何切割、刨削和表面打磨的平整处理等。一般来讲，用于练习的模型形态不宜过大，只要能够从中领会操作技术即可。

3. 模型表层装饰工艺

模型表层装饰工艺是模型制作的最后一道工艺，其目的是使模型更接近真实的效果。模型的装饰工艺有手工涂刷、喷涂、裱糊等多种形式。涂刷与喷涂的材料各异，通常用油漆，也可以用绘画颜料替代；裱糊的材料应根据模型的特点与需要合理选择，那些要求反映肌理（如车窗玻璃的代用材料等）和贴字等制作就需要用裱糊工艺来加工完成。

4.5 主要加工制作工艺

4.5.1 特殊构件的加工工艺

在模型制作工程中还有很多异型构件，如球面、弧面及其他不规则的复合曲面等。靠平面的组合是不能完成制作的，因此，只能靠一些简易的、综合的、特殊的制作方法来完成。这种特殊构件的制作方法概括起来有下列四种工艺。

1. 热变形压制工艺

热变形压制法，是利用材料的遇热软化特性，通过加热、定型产生新的物体形态的制作方法。这种方法适用于有机玻璃板和塑料类材料中具有特定要求的构件的加工制作。与模具制作方法一样，利用热加工制作方法进行构件制作时，先根据所需构件进行模具的制作，清理模具后对被加工材料进行擦拭，然后便可对板材进行加热。加热时，要注意板材受热要均匀，温度要适中，当加热到最佳状态时要迅速将板材放入模具内，并进行挤压及冷却定型。待充分冷却后便可脱模，然后稍加修整，所需附件便加工完成。关键要有光滑、平整的阴摸，大型的热变形最好有大型的烤箱。加热的方法多种多样，可以用电烤箱、开水或电热吹风机等。

2. 模具制作工艺

模具制作是很传统的工艺，用模具来制作构件时，首先要进行模具的制作。其方法很多，在此介绍一种简单易行的制作方法。先用木头或橡皮泥堆塑一个构件原型，要注意表面的光洁度与形体的准确性。待原型堆塑完成并干燥后，在其外层刷上隔离剂，用石膏来浇注阴摸。在阴模浇注成型后，要小心地将模具内的构件原型清除。最后用刷子和水清除模具内的残留物，并放置于通风处进行干燥。

模具制作完成之后便可进行构件的浇注，常用的浇注材料有石膏、石蜡、玻璃钢等，其中容易掌握并常用的是石膏。制作方法是先将石膏粉放入容器中加水进行搅拌，加水时要特别注意两者的比例，如水分过多则影响膏体的凝固；反之，则会出现未浇注膏体就凝固的现象。一般情况下，水应略多于石膏粉。

浇注前，先在模具内刷上隔离剂。浇注时，把液体均匀地倒入模具内，同时轻轻振动摸具排除气泡。浇注完成后，不要急于脱模，因为此时水分还未排除，强度非常低，若过早脱模将产生碎裂。浇注完成后等膏体固化，再进行脱模。若翻制的构件体面较粗时，可进行打磨整修。

翻模工艺的关键是要选择流动性较好的浇注物，选择好工艺浇注口。这种方法比较落后，费工、费时且场地容易脏，有时还需要真空机这样专业的、昂贵的设备才能保证模型质量，故较少使用。

3. 替代制作工艺

近似替代制作法，是将生活中各种形态的物品经过加工整理后，改造成所需的另一种构件。

这些已经成型的物体都是通过模具加工而成,具有很规范的造型。在运用时要注意形体和体量与所需构件的关系。例如,在制作某一模型时,需要制作一个直径为40mm左右半圆球面体构件,很显然这个构件靠平面组合的方法制作是无法完成的。因此,必须寻找是否有这种类型的物件。其寻找的思路是,先不要考虑所要完成物件的形态,要把这个构件概括为球体。这时便不难发现乒乓球的直径、形态和要加工制作的构件相似,于是便可以按构件要求,用剪刀将乒乓球剪成所需要的半圆体。

当制作比较复杂造型的异型构件时,如果不能直接寻找到代替品,可以将构件分解到最简单、最基本的形态去寻找替代品,然后再通过组合的方式去完成复杂构件的加工制作。

4. 积分叠加工艺

随着电脑雕刻机在模型制作上的深度介入,数字化加工手段也得到广泛应用。积分叠加工艺,主要是将被加工物体进行分层切剖,即对每一层进行数字化编程处理,找出一般性规律,最后将其叠加成另一个整体的加工手法。其原理有点像高等数学中的微积分,切分越多越接近,也就越精确。例如,在一个方体中间部位内掏一个圆球,用这种方法就较其他方法更可行。

4.5.2 基本制作工艺

模型的制作是一个利用工具改变材料形态,通过粘接、组合产生出新的物质形态的过程。模型设计师应该掌握很多传统的、最简单、最基本的要领与基本技法。

1. 木材模型加工成型工艺

(1) 木材模型制作的工具与材料

木材是一种古老的造型材料,取材方便,并易于加工成型(见图4-42)。木材材质纹理美观,是传统的工业设计模型制作的常用材料。在模型制作中,木材的制作费不高,但耗工时,技术含量大,因而多与其他材料结合起来使用。

1) 工具。合理选用工具来加工木制模型,是保证模型效果的关键。加工木制模型的工具分为四类。

- 刨类。平刨、槽刨、铁刨、球面刨、电刨等。
- 凿类。平凿、斜凿、圆凿、电钻等。
- 锯类。手锯、钢锯、钢丝锯、弓锯、电锯等。
- 刻刀类。手工刻刀、手控机械刻刀、木工铣床等。

2) 木料。用于加工模型的木料分为木方料(指原木方料)、板料(指原木板料和人造板料)两种。选择木料加工模型,应根据具体的设计效果与材料特性合理配置。

图4-42 木材模型范图

较小的模型应选择强度低的木材,反之则选用强度高的木材以确保模型的强度。

(2) 木材模型加工成型的步骤

[1] 合理选材。应根据设计效果,遵循以下原则合理选择木制材料。

① 制作小模型应选择实木板或方料,板或方料的强度(硬度)选择应以具体的模型而定,造型风格以直线平面为主的形态,应选择强度高的材料,易于表现挺直的效果;曲线丰富的实

物造型风格，则选择强度低的材料以方便切削和打磨。选择的木制材料强度过高，则加工困难；强度过低则表面处理效果不佳。所选择的木材在加工成型前必须进行干燥处理，以防收缩、裂纹和变形。在通常情况下，应选用质地柔韧而结实、纹理细致、不易变形、易加工的木材来制作模型，效果较好。

② 制作较大的模型时，选材要以设计的具体效果为准。一般来说，直方而平整的造型部位宜选择人造夹板等；曲线丰富的造型部位宜选择人造密度板叠加刨削成型；而细小部位，特别是需要精细表现的部位，则选择实木板方料做精细加工。

③ 双曲面或多向曲面造型特征的形态，应选择人造密度板，可以叠加刨削成型。

④ 合理选择用于材料连接的钉、胶等材料，以保证模型加工连接的制作需要。

2 绘制模型加工放样图。这是保证模型制作符合设计效果与尺寸要求的关键。比较实用的放样方法是三视图放样、内部固定支撑结构放样和局部细节放样。放样图用于保证模型制作的尺寸与比例。

3 裁料。根据模型加工放样图合理下料，为下一步模型拼装、组合与精细加工作准备。该步骤应注意，裁料时应留有余量，以免后期刨削时尺寸缩小而不符合放样图的尺寸规范。裁料时要根据模型制作的先后次序进行，如内部的支撑结构要先裁并制作。

4 裁锯型料初加工。裁锯下来的木材表面粗糙，需要进一步刨削加工，使木料尺寸和形状更准确，而且表面更平整、光洁。如果模型的结合方式是榫孔结构，那么还需在构件上用凿类工具开出孔，要注意孔与头结构要合理，结合要密实牢固。

5 连接组合与修整。把裁锯初加工的型材与各个部件进行安装，安装后模型初具效果。此时模型还可能存在加工方面的缺陷，需要进一步修整表面、转角和离缝。连接组合的方法有榫结合、胶结合和钉结合等。榫结合是把加工好的榫插入榫孔的一种结合方式。榫结合的形式有多种，需要根据加工模型的形式而决定；胶结合工序简单，一般是用木胶涂抹在需要胶合的两面，胶合时先用铁钉固定，待胶干连接牢固后再拔除铁钉即可。胶结合连接的模型外形美观。一般而言，结合面相对比例越大，越是平整、光洁、干净，结合牢固程度也越高。常用的胶黏剂为乳胶强力胶。

6 木材模型的涂饰。木材涂饰的主要目的，是使所制作的模型类似真实景物的色彩，其次是为了保护和美化木材。前者主要是用有色漆涂饰处理，后者主要是用清漆或透明树脂漆涂饰处理，其目的是为了保持木材的天然纹理和色泽效果。

木材模型涂饰的工序是：①模型表层刮灰底后打磨平整；②涂底漆后打磨；③涂面漆，每涂一遍面漆需打磨一次；④喷涂清漆罩光即可；⑤如果需要高度光洁的表面，可以对表面进行抛光打蜡。

注意：在涂饰的过程中，如果不同部位的色彩不同，需要先拆分后再进行涂饰。涂饰的方法是，待前一遍漆干透后，把不同颜色的部件拆下分开涂饰另一种颜色。如果是不能分开的部件，可用宽边胶带或美纹纸贴挡分界再涂饰。胶带贴挡的目的是避免漆色混合而影响装饰的美观效果。

7 调整完善。待模型表层的涂饰材料干燥后，需要把分开涂饰的部件重新装合。由于涂饰的漆液流淌，部件安装的接合处有漆液堆积而使安装效果不佳，此时只需用铲刀修整后再安装。

（3）木材模型连接的成型方法

木制模型有以下几种常见的连接方式：1）榫连接；2）卡连接；3）链连接；4）螺连接；5）管连接；6）铀连接。应根据模型的不同特点选择适于造型特征的连接方法（见图4-43、图4-44）。

图4-43　榫连接的木材模型范图　　　　图4-44　卡连接的木材模型范图

2. 石膏模型加工成型工艺

（1）石膏模型的成型方法（见图4-45至图4-47）

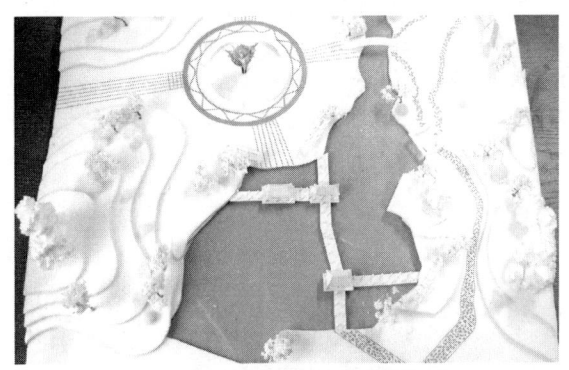 

图4-45　直接浇注法的石膏模型范图　　　图4-46　模板刮削法的石膏模型范图

图4-47　精细加工的石膏模型细节部分

直接浇注法：如果造型比较规范，可以采用直接浇注的方法成型。如果形态不能一次浇注成型，可预先浇注出大致形态，成型后再对模型的表面及细部进行精修细刻，直到最后完成。

车削加工成型法：如果是比较规整的圆形或者是以此为基本形的造型，可以通过修胚机的车削成型。车削完成后再进行连接、细部修整与刻划，直至达到理想的效果。

模板刮削成型法：对于横向变化形体的形态，则适合采用模板刮削成型法进行制作。

翻制粗模成型加工法：对于比较复杂的形态，可以用黏土或雕塑泥做类似的粗模，然后再用粗模翻制阴模。翻制的阴模可通过浇注成型，最后再精细加工完成。

骨架浇注成型加工法：制作尺寸较大的模型时，为保证模型强度，减轻重量便于搬动，可以在石膏模型的内部填充泡沫塑料或其他材料。需要预先根据造型特征扎好木制框架，或选用其他能保证强度又便于加工的材料进行扎制。在完成的骨架上浇注石膏，这样模型才能具备足够的强度，以保证形态加工的完整性。

石膏复制立体模型：有些需要批量复制（如石膏像）的产品形态，可采用两次浇注法批量翻制模型。

（2）具体加工流程

1）直接浇注法

① 初修。首先按照三视图做好模框（注意留有余量），用泥条把模框底边缝隙填塞严实，再用绳子系牢固；然后再把调制好的石膏浆浇注在模框内，此时石膏渐渐固化并发热，大约10~15分钟后（注意，要在石膏完全变硬以前）拆去模框，迅速用刮刀或铲刀修出模型的大体形状；修形时应先从整体入手，再进行局部的精雕细刻（注意，修大体形状时也要留有余量），修大形时速度要快、要准，要赶在石膏完全固化以前。否则石膏完全固化后铲削会很吃力。

② 精修。精修过程要由粗到细、由整体到局部再到整体，要不时地从各个角度和各个面去比较、去审视、去测量，这样模型的整体感才强。具体方法是：先用小刀把初型进一步削修准确，接着用短锯条（齿面）刮削，再用锯条背面进行刮削，这样模型将进一步接近实物造型；对于一些有变化的小曲面来说，还需要把锯条磨成小曲面的形状进行刮削；最后用砂纸蘸水打磨（使用砂纸由粗到细），也可以先放入烘干箱烘干，然后再打磨。

③ 修饰。为了使石膏模型表面更光滑，可以用毛刷蘸水洗刷表面，或者用布蘸石膏粉由粗到细修饰表面，这样就能得到表面光洁的效果。如果模型表面有缺陷或边角崩缺则需要修补，首先要湿润需修补处，然后用石膏浆（可加入少量白胶）填平，等干燥后再打磨平整。烘干箱温度应小于60℃，以防石膏崩裂。

④ 粘接。有的模型形体比较复杂，不能一次浇注成型，需要分块浇注后再进行粘接（或者形体断裂）。具体的粘接方法是：先把两个粘接面修吻合（断裂的石膏除外），并湿润粘接面，再用石膏粉调制浓度较细的石膏浆（按1:6的比例），用毛笔蘸石膏浆顺着缝滴入，最后打磨干净。如果交接面积较大，首先要使交接面吻合（交接面要粗糙，这样粘接力较强），再调制浓的石膏浆（按1:2的比例）粘接（可加少量白胶），然后用稀石膏浆滴粘。滴粘时速度要快，否则石膏浆失效则需要重新调制。

2）车削加工成型法

① 在旋转盘上围好油毡，用泥塞堵底部缝隙，系好绳子（注意留好余量）。

② 围好油毡后，用手转动一下转盘，检查是否垂直。

③ 将调制好的石膏浆倒入围框内，等石膏半固化时（因为此时最容易旋削）拿去油毡开始旋削。旋削时要掌握好用力程度，切不可用力太重。如果下刀时用力太重，则容易使底部旋离底座；但用力太小则速度太慢，石膏固化后就难以旋削。刚开始旋削时用三角形刀的尖部，然后再用平边刮平，这样反复操作使旋削形态逐渐接近实物的形状（注意留有余量）。

④ 用由粗到细的砂纸蘸水细细旋磨，接着还可以用布磨光滑。

⑤ 用锯条小心地锯割下来，把底部修平。

3）模板刮削成型法

模板成型，主要是指用模板挤压已制好的湿润的石膏毛坯成型。模板成型所用的工具是模板和模板架。模板用铁板制成，把模板刮削成模型横断面的形状，并用刀口修成30°的斜边。把模板安装在模板架上，然后平稳地推动模板（推动只能是单向运动，不可来回运动），每次推动都必须洒些水湿润，使削切面更光滑。

4）翻制粗模成型加工法

制作粗模的材料一般用橡皮泥、黏土或泡沫塑料，这类材料易于迅速加工成型。粗模的形态应略大于成品模型的形态（复制的模型例外）。具体步骤如下。

① 制作粗模。粗模是指根据设计的形态，用橡皮泥、黏土或泡沫塑料制成的模型，此时的模型形态基本符合设计要求，其表面粗糙，但可以基于此模型翻制石膏模型来提高石膏模型的加工精度与速度。

② 按粗模翻制模具。模具的作用是便于后期成品形态加工的准确和高效。

注意：石膏模型制作的模具翻制应注意以下几个方面的问题。

模块设计。模具的翻制通常是根据母模的不同结构形状划分为若干块阴模，依次翻制而成。模块的设计以方便取模为准，因此，分块设计的合理性对于翻制的质量和效率来说都显得十分重要。模块的设计关键是定出合理的"分模线"，确定分模线时应尽量使模件能以相对方向脱模，要找出原型上的倒角，并研究避开倒角脱模的位置，再定出分模线。所以分模线并不常是水平直线，它也可是空间曲线。对于较为复杂的造型，要对模型的前后、左右、上下六个方向进行观察分析，然后用铅笔在模型的最高点画出分模线，定出所需模块数目。

翻制的程序。划好分模线之后，要考虑好所翻模块的先后顺序，把先要翻制的部分朝上，暂时不需要翻制的部分沿分模线用泥填平（如果是翻制实体模型还必须用泥做好浇注口，并注意脱模方向），再用油毡围严实，涂上脱模剂，调好石膏浆从最低处开始进行浇注，直至石膏浆掩盖整个模型（注意控制阴模厚度）。在石膏浆尚未凝固之前轻轻摇动桌面让石膏浆添满充实，待石膏凝固后再翻转过来，去泥和围壁并做好凹穴，这样，第一块阴模就翻制完毕。然后用同样方法进行第二块阴模的翻制，如此类推浇注第三块、第四块。制作分模块时应注意模块与模块之间接合的适当深度、斜度、圆滑度，这样有利于模的吻合和脱模。浇注前同样要涂上脱模剂。

③ 按模具翻制石膏模型。模件浇注完成后脱出母模，再对阴模进行清理、打磨、晾干（烘干时最好合上模块，以免烘干后变形造成盖合不严），然后涂上脱模剂，用绳扎紧，便可翻制成品。如果要制作大型的成品，可在石膏粉中加入20%~30%的32.5级或42.5级水泥，能使石膏模耐用且不易变形，也可加入铁丝、碎麻加固。

④ 修整完善。成品浇注石膏凝固后，按顺序脱开模块，在尚未完全干之前先对不足之处进行加工调整。调整完成后，即将石膏成品模型放入烘箱烤干，再进行修刻和打磨，直至达到理想效果（见图4-48）。

图4-48 石膏模型细节部分范图

翻制石膏成型中常见的问题如下。

- 成品出现裂纹是因为模具捆扎不牢,在浇注时出现松动。
- 沙眼和黑沫是因为石膏气泡和杂质太多所致。
- 脱模时断裂是因为模块设计划分不合理、厚薄不均所至。

5) 骨架石膏模型

以制作小型车模为例,制作步骤如下:

① 按照略小于车外形轮廓2cm~3cm的要求,采用木条和板材钉成车体骨架。

② 按车轴位置在车的较厚底板上钉上两根木条,可在板材上钻一些小孔,钻孔的目的是使石膏浆渗入骨架内,卡住外表的石膏。

③ 做模型外围板,外围板要略大于小车外形轮廓2cm~3cm。外围板要用绳子系牢固放置在平板上,用泥填缝防漏,再用四块小石膏块垫于内骨架的四个角下。

④ 放入内骨架,浇注石膏浆,底部不用浇注石膏浆。等石膏浆固化后可对小车表面进行刮削加工。

⑤ 进一步加工时要注意车形的对称,要事先划好线并用角尺校准垂直度,在不断刮削时要随时画上尺寸线。

⑥ 用雕刻工具进行仔细刻画,直至完成。

6) 石膏复制立体模型

有时需要复制几个或批量(如石膏像)制作模型,可用两次浇注法批量翻制。具体做法如下。

① 如果需要得到许多和母模一样的模型,就需要对母模进行复制(翻制)。母模可以是石膏材料的模型,也可以是其他材料(包括金属、陶瓷、塑料等)的。第一次浇注模具的分块要尽量少,越少翻制的模型的表面效果就越好。如是一些简单或一次性浇注成模块的,就一次性浇注完成,而较复杂的母模要合理设计分模块。翻制前用脱模剂把母模刷透,使母模表面有一层光泽,形成一层保护膜,然后把调好的石膏浆倒入严实的围壁内。倒石膏浆时要从母模最低处开始,使石膏浆慢慢掩盖整个母模,10~15分钟后开模。如果粘的太紧则脱模困难(因脱模剂不足引起),可以在半小时后用开水浇烫便可开模,如有小缝隙用凉水也可浇开。这样就制成了阴模。

② 把阴模置于水中用细砂纸打磨光滑,涂上脱模剂,放置平稳,然后浇注石膏浆复制母模。根据需要可在石膏浆尚未凝固时加入植物纤维(如棕榈),使石膏制品的强度得以加强(如翻制浮雕)。如果脱模困难,可用上述方法开模,这样就得到了和母模一样的子模。用同样方法可以翻制许多子模。

7) 石膏模型着色与加固方法

方法1 喷绘法。喷涂前打磨石膏模型表面,清理干净,再用酒精喷涂一层,然后喷上油漆,晾干即可;另一种方法是先在石膏表层喷涂一层水粉色,待晾干后再喷罩上清漆(上光漆),但色彩纯度会有所减弱。

方法2 调和着色法。调和着色法分为湿混合和干混合两种。湿混合,要先在水里加入颜料,再加入石膏粉调制石膏。如果在石膏浆中加入颜料色,能产生天然的纹理效果(如同大理石);干混合,是指在石膏粉中加入颜料粉末,再调制石膏浆。

8) 石膏制品加固法

① 用金属器皿盛水加入工业用硼砂(按10∶1的比例),熔化后(温度以90℃为宜,要清除杂质),将石膏制品浸入其中,或将溶液涂刷在石膏制品上,晾干后石膏表面光滑坚固。

2 用胶水（动物胶合水1∶10左右）调石膏粉。石膏加胶水凝固慢，脱模时间长达八小时，但制品坚固。其他加固剂如腐植酸钠的效果也很好（见图4-49）。

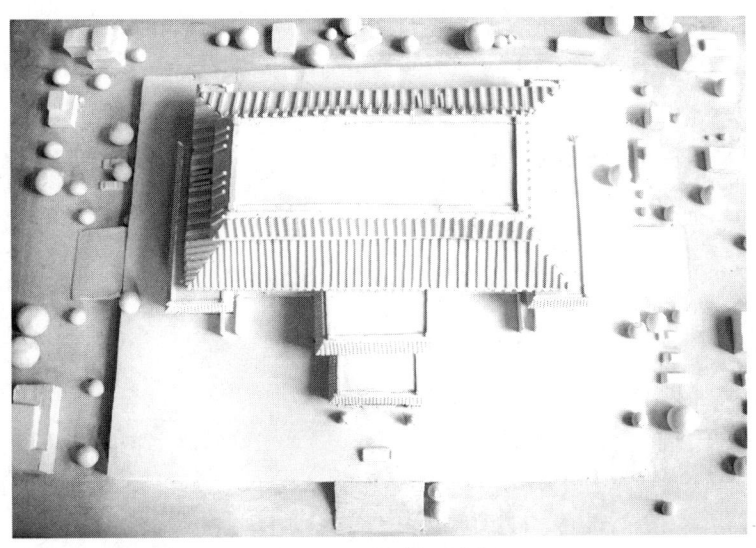

图4-49 石膏模型范图

3. 塑料模型加工成型工艺

（1）硬泡沫塑料加工

硬泡沫塑料是在塑料中加入了发泡剂，它有表观密度小、热导率小、隔振、吸声、质轻、加工成型方便等特点，常用于制作模型的实体。目前，还可以通过塑料发泡（聚氨酯发泡塑料）的方法制作模型。具体的方法是：把两种配好的溶剂按比例混合后，倒入模腔内让其沿模腔自行发泡，发泡完成后拆除模具即可再切削校整模型。

1）切割方法

方法1 冷切割。根据模型形体划好6个面的线（稍放宽些），用锯子（钢锯或钢丝锯）切割。锯直线和平面时用板锯或钢锯，锯子要锋利以免摩擦发热而溶黏泡沫塑料，钢丝锯用来锯曲线和曲面以及孔洞，局部小部位用锋利的小刀切割，成型方法和雕刻成型一样。

方法2 热切割。根据泡沫塑料遇热溶化的特点，一般可以采用电阻丝（电炉丝）通电加热切割。具体方法是：将电阻丝接通电源，把泡沫塑料通过电阻丝在平板上移动。切割平面时可用硬纸板剪出所需切割的切面形状（模板），把模板固定在泡沫塑料上，电阻丝顺着模板进行切割（模板要固定牢以免走样）。

2）加工

如果需要有一定厚度的体块，可以把泡沫塑料板层粘在一起达到所需厚度。切割出大体形状后可用锉刀磨锉表面进行加工，先粗后细，再用纱布进行磨削加工。用模型在砂纸上移动的磨削效果好，也可以在砂轮机上磨削加工。钻孔时可用电钻，但转速要放慢，以免发生热熔黏现象。一般用水性腻子填洞修补，干后打磨。如果孔洞较大时还需要分几次填补才能完成。

3）涂饰

涂饰前先在模型表面刷上一层水性腻子浆，待晾干后用砂纸打磨光滑。这样可以使颜料附着力强且光滑平整、效果好。涂料可以用油画色或水粉色，注意不要用香蕉水作调色油，因为泡沫塑料容易溶于香蕉水。涂饰方式采用喷涂效果好，水粉色容易被弄脏，所以待水粉色晾干后再喷一层清漆比较好。

（2）板材塑料模型制作

板材成型（见图4-50、图4-51）的一般步骤是结构分块设计、分块成型、连接、精修和涂饰抛光，具体如下：

图4-50　板材制作的景观模型范图

图4-51　板材制作的规划模型范图

[1] 结构分块设计。主要是指根据需要将制作的模型结构分为若干模块，依次成型的一种设计方式。分块的标准以模型结构为主，在分块设计时应尽量做到既符合结构又分块数量少。分块设计确定以后，便可以进行放样裁料。裁料方法是用有机玻璃刀沿切割线垂直划出有一定深度的线，然后沿边折断。较厚的材料或非直线形则可用线锯机裁切。

注意：进行放样裁料时应留有余量；在用线锯机裁切时，应根据模型的结构分先后顺序进行。

② 分块成型。制作曲面形体时，需要分别用石膏或木质材料制作出母模，再加热塑料板材热压成型。根据塑料板的特点和成型方法的要求，模型曲面变化应比较缓和流畅。热压成型法首先要求按所设计的弯曲形状做出母模（模型尺寸减去壁厚），再根据木模翻制出阴模（翻制方法参看石膏阴、阳模的制作方法），然后把塑料放在阴、阳模之间在烘箱中加热（80℃～100℃），使其按母模形状软化，最后冷却成型。对于一些比较小且简单的形体还可用热水泡、用红外线灯照和用电吹风加热的方法，使其升温软化或局部升温软化成型。

注意：因材料受热产生拉直使曲面边缘容易起皱折，所以事先要留有余量；升温进行软化的时候速度不宜太快，以免表面起泡。

③ 连接组合成型。把分块制作好的各部分通过粘接、螺接、卡接、焊接等方式组合成模型。主要黏接剂有万能胶、环氧树脂、氯仿、二氯乙烷、三氯甲烷等。粘接前一定要先把粘接面清理干净，这样才能粘接牢固。粘接可用注射器将溶剂注入粘接处。

④ 精加工。主要是指对各部分裁切面和不规范的细小部分磨削或切削加工。一般先用刀具切削后，再用砂轮、钢锉和砂纸磨削，精加工的主要目的是使模型表面精美，接近实际产品的效果。

⑤ 涂饰（见图4-52）。涂饰前应把表面的油污处理干净（用甲醇、丙酮）。用中性洗涤剂的目的是提高涂饰层的附着力。再用腻子把模型表面刮平，然后用砂纸磨平(腻子可用喷漆调和石膏粉)。涂饰方式以喷涂为佳，近喷效果光洁但易积流，远喷则颗粒粗有亚光效果。ABS塑料用丙烯酸清漆作为底漆（以50℃～60℃烘干10～20分钟），底漆用400～500号水砂纸轻轻地均匀擦亮，然后去污处理，漆用稀释剂擦拭（放置40分钟），最后用透明色漆喷涂（以50℃～60℃烘干10～20分钟）。对于不同色块的模型，应先喷色然后再粘接成型。对于一些要求有表面肌理的模型，可用亚光漆和颜料调和漆喷涂，还可用各种发泡墙纸粘贴喷涂。

图4-52 模型表面涂饰

（3）塑料模型（见图4-53至图4-55）制作的相关技术

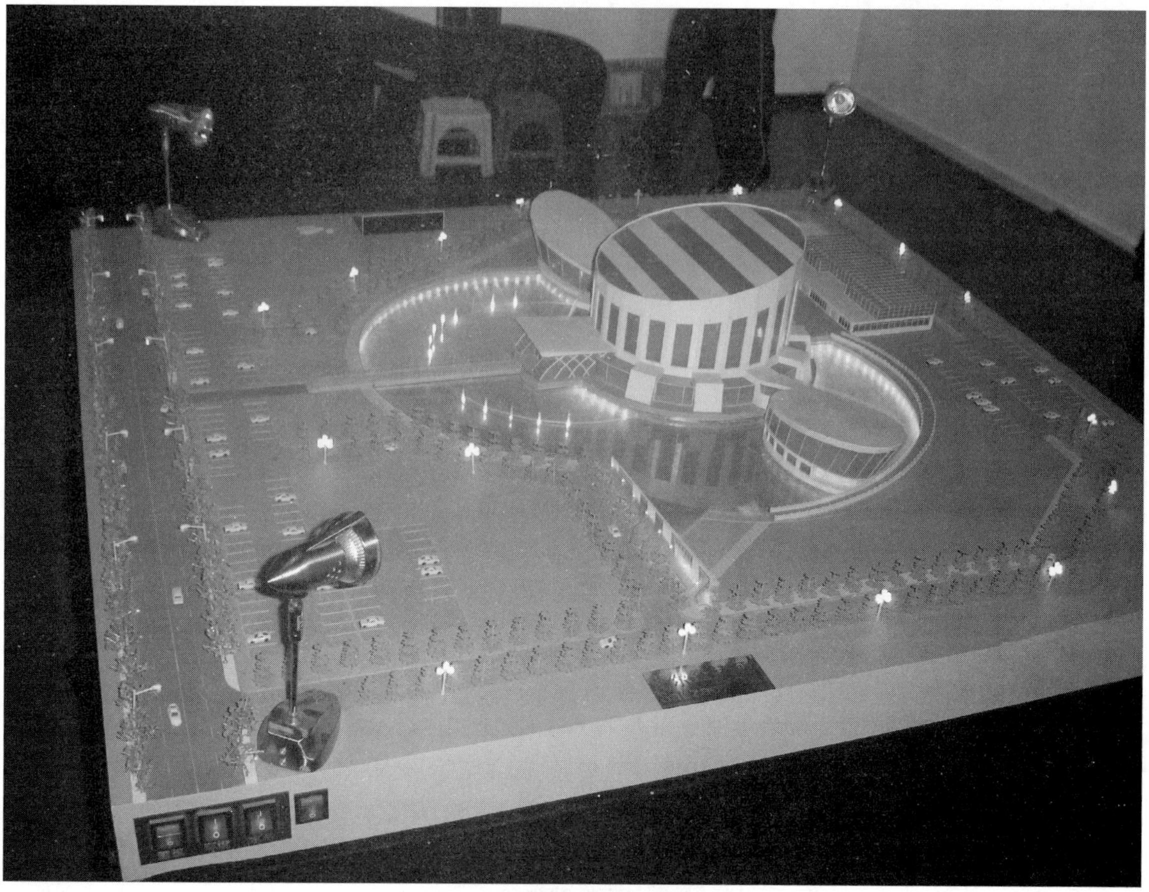

图4-53　塑料模型范图（1）

图4-54　塑料模型范图（2）　　　图4-55　塑料模型表面涂饰

模型制作中有一些变化复杂的小件或附属配件无法用热压成型法成型,可采用以下相关技术来制作。

1）根据设计尺寸可以直接在塑料板上放样，也可以借助较为规范的放样板准确放样。

2）在制作模型过程中尽可能使用工具加工，以提高模型制作的质量。

3）对于一些开关结构和按键等功能性作用的造型则要求实做。

4）对于一些受力面积较大以及容易受力断裂的粘接处，应粘接加强筋使其更牢固。在胶水干固之前应用手扶稳粘接处。

5）对于一些边角圆弧则需要根据其弧度大小用不同方法制作。边角弧度大的模型，可以利用导模用烘箱加热或用电吹风加热的方法弯曲弧度；边角弧度小的模型可用塑料粘贴加厚，再使用锉刀磨削成弧型。

6）如果模型上需要钻孔，应该在放样裁切板块粘接组合之前进行。一般可以使用手枪钻和台式钻。由于台钻比较稳定，因此钻孔的效果更好。

7）对于需要在模型表面中心挖圆形的情况，必须从圆形中心开始。具体方法是：先用刀具钻一个小孔，然后把线锯条从孔中穿过，再把线锯安装好进行锯切。如果是在曲面上挖切圆形，则必须把曲面翻转过来使曲面靠贴在工作台面上锯切。

8）塑料模型进行表层涂饰时，一般使用油漆材料更利于塑料材质表层的吸附，而选用气泵喷涂法会比较均匀、美观。但是，不需要喷涂的地方则要用胶带和模板遮挡好，以免喷涂到其他地方而影响模型的整体效果。

（4）玻璃钢模具成型工艺

1）玻璃钢模具

要将黏稠可流动的树脂与具有质感的玻璃布加工成所需的形态,需将其放入模具中使之成型，所以模具的制作是玻璃钢（模型）制品成型的基础，直接决定着玻璃钢模型（制品）的制作质量。

阴模：在原有模型翻制玻璃钢材料的制作中，阴模是最常用的模具形式。阴模的作用面是向内陷，常用于制作表面光滑和尺寸精度要求较高的制品。在工业设计中，常用阴模来翻制玻璃钢材料的模型。

组合模具：基于原有模型结构、复杂的曲面或者为了脱模的方便等原因，常将模具分成几个部分制作，然后再拼装而成，这种模具称为组合模具。分割组合强调模型分割结构线的科学合理、组合后的后期糊制工艺的方便以及固化后脱模的方便。

模胚与母模：各种原材料的模型称为模胚。对模胚进行加工处理后翻制成玻璃钢简易模，再进行糊制,出来的与模型形态相同的称为母模。对于批量生产的玻璃钢产品的工艺要求来说，需要在母模基础上再进行玻璃钢模具的二次翻制后，再用于生产。如果玻璃钢材质模型应用要求特别高或复制数量较多时，就需要进行母模的细化处理与高质量的玻璃钢模具制作工艺。

2）手工糊制制作工艺

● 玻璃钢制作常用工具

剪刀：用于玻璃布的裁剪。

平刷：即猪毛漆刷，用于玻璃钢模型产品的糊制，一般常用的尺寸有 0.5in（1 in =25.4 mm）、1in、1.5in。平刷用途较广，属易损、易耗工具。

橡皮刮刀：橡皮刮刀用于赶刮玻璃布上的多余树脂，使树脂迅速分散，驱散其中的空气泡沫。也在玻璃钢制品的表面处理、修补中与钢制刮刀一起用于赶刮腻子。

烘灯：可选用800W左右的烘灯，主要用于冬季低温时的烘烤，以促进其加速固化。

打磨工具：主要指锉刀、角向磨光机、砂纸等工具材料，通常用于玻璃钢模型废边及边缘的切割与表面磨制。表面处理选用金刚砂300~400标号或更高标号水砂纸配合进行细磨。

其他应准备的工具还包括各种容器、量杯、称量工具、钻孔工具、螺栓、螺帽、玻璃纸等。

- 常用原材料及配比

常用原材料包括不饱和聚酯树脂、玻璃纺织方格布、促进剂、固化剂、胶衣、模具胶衣、滑石粉、脱模蜡等材料。

基体材料（树脂）配料（室温25℃）：不饱和聚酯树脂约96%、促进剂1.5%~2%、固化剂2%，应在温度较低时适当增加固化剂量。

腻子配料：适量树脂、适量滑石粉配制成黏稠状，在使用时再加入适量固化剂调和。用于玻璃钢制品的表面修补。

模胚表面翻制模具配料：用少量树脂、滑石粉进行调和配制成黏稠状，在使用时再加入适量固化剂调和刷在模胚表面，与腻子相比，较稀、流性较大。也可以用模具胶衣刷在模胚表面。

玻璃钢制品脱模材料：可选用汽车蜡在玻璃钢模具内部表面均匀涂搓1~2遍。

玻璃钢方格布：表面层选用较细的0.18mil（0.06~1mm）细布，内层选用0.4mil的细布。

- 手工糊制

糊制是手工工艺的主要环节，不管是在玻璃钢模具还是在玻璃钢制品的制作中都比较重要。

铺层糊制：待模胚或模具的表面层胶衣或树脂配料初凝时，应立即铺层糊制。

玻璃布之间的接缝应相互错开：一般搭缝宽度不小于50cm，有的方法是先搭接布的1/2，糊完一层后再与第二层上补上1/2。受力处可增加布层，但布的尺寸要由小到大。凡是棱角处要尽量不在此处搭接，这些都要在成型前就要考虑周到。每次不得同时铺两层以上的布。

增强材料的铺覆：要想玻璃钢各向同性，则需要用毡作为增强材料，其中多角度缝合毡最理想，或将布作0°、45°、90°、135°、0°依次铺覆即可。另外，要考虑纤维的连续性，在受拉方向上要尽量使纤维连续，甚至使用单向纤维增强，或使用单向布。

含胶量：在使用方格布时，含胶量应控制在50%~55%；用毡时，控制在70%~75%。最好逐层计量，树脂定量使用。

涂制工具：前面已经介绍过常用工具，在转角处及小型产品上一般采用毛刷，毛刷的缺点是容易造成玻璃纤维曲折，影响强度。

有时为了提高刚度，会在产品中加入加强筋：应在铺层达到70%以上时再埋入，这样不会影响表层质量。埋入件不论是金属（聚酯中避免用铜）、木材还是泡沫塑料，都要去油、洗净。为防止位移，应稍加固定。

糊制过程：用力沿布的经向和纬向朝一个方向赶气泡，或从中间向两头赶气泡。使布层贴紧，含胶量均匀。

遇到直角、锐角、尖角又不能改变原设计时的处理：可填充玻璃纤维加树脂。用聚酯加滑石粉按1∶1的比例拌成腻子，然后用玻璃钢圆弧状刮板将腻子刮到交角里。

- 固化

固化是制作各类玻璃钢制品必不可少的阶段，因为固化程度越高其硬度越大。目前手糊玻璃钢脱模时间不少于 24 小时，也可在 60℃～80℃下处理 2h～3h，以缩短脱模时间。

- 脱模

脱模是将制品从模具中分离的过程。脱模对手工工艺来讲至关重要，稍有不慎就会导致已加工的模具毁坏。

脱模前处理：应将模具边缘的玻璃钢毛边、树脂等残留处理干净，便于顺利脱模。

脱模过程中的处理：不能硬敲，应根据模具形状结构因势利导。即使需要槌打，也要尽可能用木槌或橡皮槌。

脱模注意事项：防止玻璃钢制品表面划伤。

- 后期加工与表面处理

后期加工与表面处理是整个玻璃钢制作过程中的最后工序。

玻璃钢白胚的加工：可借助各种工具进行铲、锯、削、钻、磨等加工处理手段，以达到需要的形态、功能和效果。

表面上漆处理：上漆前应首先对制品表面的划痕、气泡等不完整处进行腻子的修补与平整，待干透固化后进行打磨，然后按上漆工艺进行打磨+刷红灰底漆+水磨+打底漆+修补腻子+水磨+打底漆+喷涂上漆（聚氨酯漆或硝基漆），也可配合其他工艺进行玻璃钢材料的表面金属化处理。

（5）橡皮泥模型制作程序与方法

橡皮泥模型制作必须建立在设计构想的基础上，设计的反复推敲、完善可使后期的模型制作更真实，也对设计的验证更有意义。以汽车小品橡皮泥模型为例，制作步骤如下。

1 把方案绘制成可按规范尺寸制作模型的三视图，为制作放样作准备；再按照比例对三视图进行各个立面的放样。放样可以用硬纸板或有机玻璃板，按比例制成的模块将成为后期模型制作的依据。

2 制作模型的内部填充形态。按放样尺寸裁切发泡块；按设计形态要求，将裁切的模块组合粘接牢固，要求本阶段的形态比完成时的正常形态缩小（一般缩进 1cm～2cm）。

3 堆敷橡皮泥与形态调整。橡皮泥加热后迅速堆敷在发泡塑料的车体上，一般堆敷的厚度在 1cm～2cm，固定车体进行坐标测点和放样板调整来设计形态。

油泥模板表面制作需要合理使用工具，几种刀具的使用与作用如下：

- 凹形双曲面的部位使用蛋形刮刀加工制作，容易达到理想效果。
- 单曲面部分的使用直角油泥刮刀和双刃油泥刮刀较好。在刮削的过程中，带齿状的直角油泥刮刀一般用于粗刮，平口刮刀用于细刮。
- 车体形态有凹槽的部位一般使用三角刮刀。由于三角刮刀使用时既可以侧刮，尖角部分又可以勾槽，所以加工效果较好。门缝槽和开模线可用门缝导槽处理。

4 橡皮泥模型的精细制作。在表面处理基本完成后，需要进一步对车体的转角、边线和其他局部及完整的总体效果作精细调整，主要包括以下几个方面：

- 边线要精细刻画以体现工艺特征。
- 表面收光平整以获得良好的视觉效果。
- 结合其他特殊材料与橡皮泥模型配合使用，目的是使模型更具有真实感，如玻璃贴敷反光膜等。
- 橡皮泥表面刮腻子打磨上漆，进一步达到仿真效果。

（6）其他模型制作方法与工艺

纸材模型（见图4-56）的制作比较简便，适合用来制作体面简单的模型。另外，纸材着色方便。制作纸材模型的材料有白卡纸、铜板纸、色纸以及金、银箔纸和彩色塑纸等。

图4-56　卡纸模型范图

在制作模型时，首先根据模型结构剪裁好（注意预留好胶接部分）纸材，还可以用其他材料固定做支架。然后，把纸卷成或折成所需要的形状。固定形状的方法有卡接和胶接等多种方法。

表面涂饰有三种方法，一种是用笔直接涂刷颜色；其次是喷涂，喷涂的效果较为真实，视觉效果也好；还有一种是用装饰纸剪贴装饰。

（7）综合材料模型（见图4-57、图4-58）的制作

图4-57　综合材料制作的建筑模型

图4-58　综合材料制作的景观模型

用于制作模型的材料很多,不仅应该按照各类模型的主要功能合理选择材料,而且需要根据实物造型的形态特征和体量来选择。例如,在制作较大型的模型时,为了平面组合关系要做出体面方直、平整、简洁的造型效果,选用木材层板来制作较为方便。用塑料板制成初型,再用砂纸进行转角打磨修饰,然后加装饰和喷涂色彩,这样既方便又省工、省时,视觉效果也不错;如果用木材来制作,则技术含量大,费工又费时;用石膏则重量大,费材料,费工时。有些既有平面又有弧面、弧形的模型,其平面部分可用木质层板制作,弧面部分可用石膏成型。这样,充分利用材料的特点来制作模型,可以收到事半功倍的效果。

总之,模型的材料选择可以多种多样,只要适合制成模型的形态都是可取的。例如,一些废品,如铝罐、瓶盖、废有机玻璃等,只要符合制成模型形态的要求,都可以用于模型的加工;一些不易制作的部分也可以利用配套部件来替代,例如,加工按比例缩小的汽车模型时,其车轮如果选择合适的玩具车轮也可以获得较好的效果。

4.6　模型样品的制作

环境景观中的一些关键部位需要单独制作模型样品来供进一步研究和批量制作,如雕塑、标志性小品等。模型样品是已经确定了的设计方案,是模型表现的高级形式,体现出产品的功能、造型、物质技术条件等设计要素。模型样品制作是一项艺术性、技术性、工艺性很强的工作,一般情况下以设计人员为主,又需要工程技术人员、模型师主动配合,还需把握住一定的制作程序与方法,将外观形态与内在结构、整体与局部、局部与内在结构、形的内壁与零部件的接点、形的内壁与加强筋分布、样品形体与模具常识、整体与涂装、人机界面与面饰工艺等各种关系要素弄清楚。合理运用这些相关知识,就能成功地制作好模型样品。下面对模型样品制作的基本程序与方法加以概述。

1. 加工图纸

设计方案图、效果图、尺度草图只是样品制作的参照图，已定方案模型制作尺度图、三视图或生产加工图是样品制作的依据。在制作前，要熟悉图纸的每个尺寸要求，检查图纸所标的尺寸是否与设计要求相符合，按图纸的尺寸放出一定的加工余量，方可画线切割下料。

2. 画线切割

样品制作所采用的材料基本上是ABS工程塑料，为节约成本、避免造成浪费，采用划针或硬铅笔（2H～4H）画线。只有准确把握每块模型的尺度，模型才有可能做得精致，出效果。切割时用勾刀或美工刀沿线的外边勾划下料，所切割下的用料可手工刨边除去毛刺和斜口，以方便后道工序中粘接平整、牢固。

3. 制作主体初型

样品形态主体形样材料下好后，可进行压模或围合加工，粘接成样品的主体。一般弧面形态、球面形态、柱形形态都需要压模成型，经切割修整连接面后再粘接成体（柱形也可经围合成筒状，再粘接上、下两个面）。主体粘接成型，按图纸要求倒角或加工圆弧角。

4. 制作局部初型

所谓局部，是指与主体连接的部分结构处的造型，或是主体形态无法一次成型，需要分部位制作再连成主体的部位。局部初型往往是主体的关键部位，加工要求精细准确，避免组装成整体时带来麻烦。

5. 清边修整

当主体与局部的初型制作完后，要按尺寸线对形体的连接处进行仔细清边（用小刨、锉刀加工），一定要把粘接合缝处的线面调整准确，做到平滑光整，不留毛刺。

6. 内接点定位

这里所指接点，是指样品形态主体或局部的内腔与产品内结构连接安装固定的部位。一般按内结构装配图的要求来制作接点，以确定接点的加工与固定方式。

7. 加强筋分布

样品制作多选用的是板材加工，其形体强度与机器成型的强度有很大差别。加强筋的分布与制作要求根据材料的强度与应力、接点分布与固定方式及内部结构运动的力度大小，来确定加强筋的厚度、数量与分布位置，为以后机械化生产加工和开模具工艺提供依据，也保证样品强度能达到设计的要求。

8. 整体合型

将制作的主体初型与局部初型连接成样品整体的外型。此时需数人帮忙，不同的连接方式要有相匹配的固定方法，从大到小、从整体到局部，逐步连接组成整体形态。

9. 粗打磨

整体合型固定后，要修整制作工序中所留下的痕迹，然后进行粗打磨。粗打磨基本选用1号砂纸或零号砂纸打磨除去合缝处、连接处、模压过程中所留痕迹的部位，以及粘接中留下胶痕的部位的粗糙部分。

10. 分形线与切割

整体合型打磨后，要按照设计图画出形态的分形线，再切割分解下来，为日后生产加工组装与开模具工艺及模具数量提供合理的依据。

11. 制作镶扣

把样品切割分解后，按设计要求分析、确定日后生产组装时的合型工艺方式，制作镶扣（如扣压、滑槽、卡接、螺接、锁定等不同合模的固定方式）。

12. 样品组装检测

样品外形制作工序完毕后，设计师和工程师以及描绘图纸的技术人员要对样品进行分析，从而最终形成结果。

通常需要仔细核查检测造型、固定方式、节点、加强筋、连接件、扣件等的强度与牢固程度以及组装合型的安装工作状况。然后在各工程技术人员的配合下，按其组装程序将所有部件、构件按设计要求定位安装好，组装成完整的样品。

13. 样品的修饰

样品要进行细致的修整，不能有明显的痕迹。再进行精打磨，通常用更细的砂纸、水砂纸或金砂纸来打磨，在样品形态上不能留有锉刀痕迹，应无明显的砂纸打磨的痕迹，使样品形态表层光滑、平整度均匀。

对于样品制作的面饰，应根据设计人员提出的不同工艺要求进行涂装，再将文字符号、商标、厂牌等按设计定位要求饰贴到位。

4.7 方案切块模型的制作

1. 泡沫切块模型

在方案草图阶段，为了简单、快捷地表示空间布局，还要便于下一步的修改，最常见的方法是利用泡沫制作切块模型（见图4-59）。

首先，要估算出模型体块的大致尺寸，用单片锯在大张泡沫板上锯出稍大的体块。厚度不够可用乳胶将几块板粘贴牢后再到电热切割器上进行进一步加工。

用电热切割器加工时，先将靠模调到所需的尺寸，再把泡沫块紧贴靠模，速度均匀和用力均匀地让电热丝从中划过。太快会使断面粗糙、倾斜，太慢则电热丝会把泡沫熔化，形成硬结和空洞。当断面粗糙时，可用砂纸打磨使其表面平整、光滑，易于粘贴。粘贴时，如果面与面接触翘变、扭曲，可用大头针、长粗漆包线辅以固定，待干后用砂纸打磨即不留痕迹。

图4-59　泡沫切块模型范图

在做一些不易徒手控制的形状时（如八角形、圆形），要先用厚卡纸制作模板，用大头针固定于泡沫板上，然后切割。当上、下距离很长，如圆柱体高度较高时，需要制作上、下两块模板辅助切割。

泡沫模型制作快，易于修改且拼贴方便，如果制作精良，再加上配景，也可作方案模型展出及讨论。尽管泡沫模型颜色单一，但在规划模型中，大片的白色泡沫同样能获得非常适宜的效果。而且其重量又非常轻（当处理大的模型时，重量的大小是被考虑的一个重要方面），所以在这种情况下常被选用。有时为了使表面更加光洁，也使用外面包一层卡纸的方法。

泡沫切块模型的底盘制作采用删繁就简的方法，以简洁的方式表现出道路、广场和绿化。当大部分建筑置于绿化间时，需将绿化颜色加深，以突出建筑。通常情况下，道路、广场的绿化用浅灰、深灰和蓝灰、暖灰、墨绿。树形则选用简单的圆形和宝塔形，圆形用大小适宜的塑料珠（项链上的小珠）、木球、钢珠等代替（也有用豆粒），将其喷成绿色；宝塔形需用海绵剪成，有时用跳棋棋子下部粘一短杆再喷漆也行（见图4-60）。

2. 软木切块模型

软木的规格为400mm × 750mm，厚度为1cm、3cm、5cm。软木加工容易，而3cm厚的恰为1∶100模型中的一层楼高度，易算，易做且易粘贴（乳胶）。干后表面画上建筑平面，也可用卡纸做一模板，订牢后用台锯或曲线锯切割。断面毛糙用砂纸打磨。

软木以其特有的本色给人以冗实、稳重之感，而且与各种深色（深灰，蓝灰，绿）容易协调，有别于泡沫的廉价，为规划模型的理想选材。

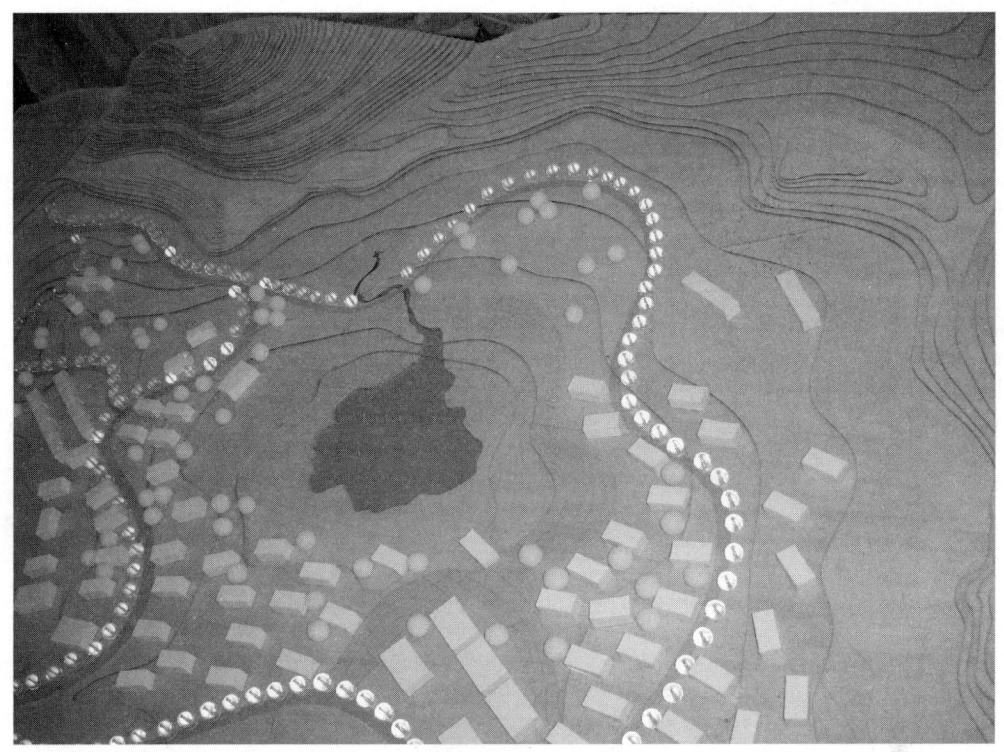

图4-60 切块模型中简洁的绿化处理

3. 其他切块模型

切块模型还可选择很多其他材料，如木块、黏土、卡纸、有机玻璃等。木块取材方便，又非常容易加工。制作时选用质软有细密纹理的木块，可以非常容易地切削成所需的形状。可用锯子、刨子手工制作，也可用电动工具如电锯、曲线锯、台锯、压刨等进行加工。

用黏土做规则体块需要开模制作。由于黏土具有很强的可塑性，主要用来做雕塑模型。

用卡纸做切块模型也非常快捷。首先用裁纸刀裁出所需的高度，在转折线上划一刀，就可很容易地折成多边形。因卡纸较为柔软，可以弯成任意曲面。用乳胶粘贴则较为牢固。

有机玻璃制作的切块模型为切块模型中的"大作"，其制作较为复杂。计算平面顶板时需扣除侧板厚度，计算一侧板时需扣除另一侧板的厚度。圆弧处需加热弯曲，具有一定的难度，有时可利用质地较软的胶板代替。粘接需要平整，粘后要打磨消除接缝痕迹再喷漆。可使用丰富的色彩，在同一模型中可进行分色处理，如规划模型中的一、二期工程或新建建筑用颜色加以区分。有机玻璃切块模型是各种切块模型中最为费时耗力的，但成品光洁、挺括、干净、利落，是其他材料无法比拟的，是正规场合模型（主要是规划模型）的首选材料。

4.8 展示模型的制作

标准模型与展示模型的区别只在于制作的进度不同，前者在施工设计过程中制作，后者在施工图定稿甚至在建筑竣工后制作。它们的制作方法是一样的。

1. 用卡纸制作建筑模型

骨架材料用1.2mm～1.8mm厚硬卡纸，构架平台用0.5mm～0.8mm厚卡纸。制作时需扣除玻璃材料和背面材料的厚度。以幻灯投影机用胶片代替玻璃材料时，胶片用照相色染成所需颜色。透明文件夹也可作玻璃材料（避光薄膜、汽车用膜）用。彩色水彩纸（薄布纹纸）可作墙面、屋顶（需保持表面清洁）。

在用卡纸材料做模型的建筑墙面窗洞时，为保证切口光洁整齐，需经常更换刀片，工作时最好垫上胶垫，它能减少刀口磨损，保证切口垂直。刻窗洞前需选色彩淡的硬铅（1H～3H）刻线，刻线要轻，刻好后擦去铅笔线。

具体制作步骤如下：
1. 用硬卡纸搭出骨架。
2. 将镜片材料用双面胶粘在骨架上，为保证墙面平整，在没有窗的地方也要满贴。
3. 将刻好窗洞的墙面卡纸用双面胶贴在镜面上。
4. 封上屋顶。
5. 配上小构件，如雨棚、阳台、走廊及花坛等。

2. 有机板模型与PVC板模型的做法

有机板模型（见图4-61）与PVC板模型的做法类似。不透明的PVC板，在表示窗户时需要刻通，只适合在大比例模型中使用，或用在不开窗的小比例模型（1∶600及更小）上。而有机板则适用于任何比例的模型。

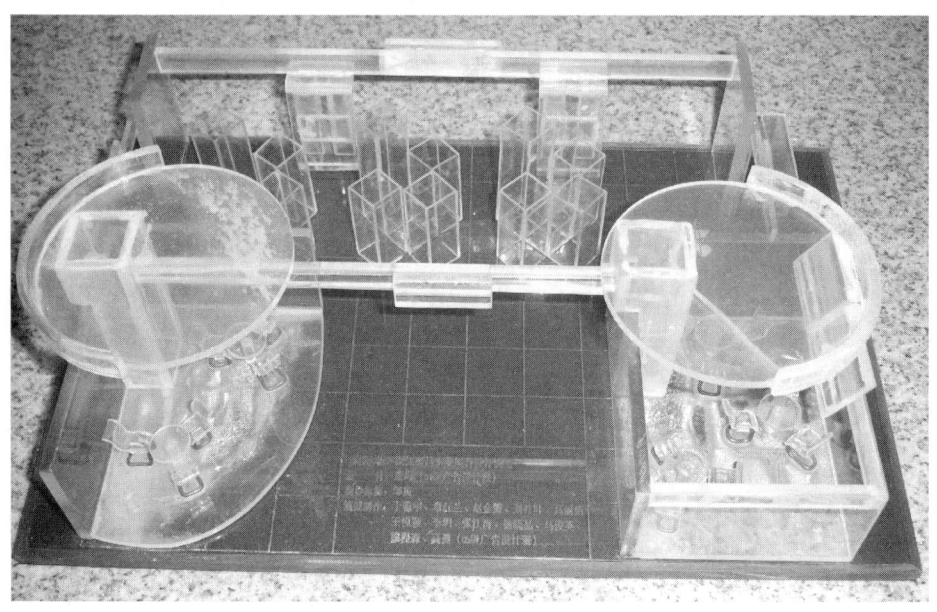

图4-61　有机板模型范图

有机板模型与PVC板模型在材质上的区别决定了加工的难易程度不同。在裁PVC板时，用裁纸刀或手术刀划一两刀后折断，这样能保证断面垂直。用勾刀裁切的部分为斜面，必须锉平才能垂直。

PVC板质软，容易被氯仿溶化，搭好后多余的部分很容易锉平。用勾刀裁有机板应在原有的尺寸上放出0.5cm，以便锉直后的尺寸适合需要。厚有机板裁下后可用木工刨刨一下，既快又好（用电动台锯裁板比勾刀快且好，端面垂直，尺寸一样，利于粘贴）。

　　有机板开洞比较麻烦，首先要画好开洞范围，再用电钻钻孔，然后用线锯的锯丝从中穿过，锯出洞形，最后用锉锉平。

　　不论是有机板还是PVC板，都应搭出外壳，喷好漆，最后上玻璃。玻璃材料应选与建筑玻璃颜色相近的有机玻璃，作为玻璃门窗，还可以按设计图上的门窗分割线勾出窗线，在勾缝里涂上白漆，趁未干时用酒精擦除缝外的漆，玻璃上就留下很清晰的白窗线。

　　具体制作步骤如下：

1　选与建筑玻璃颜色相同的有机玻璃，裱好银膜，按墙面大小裁好板材。
2　在门窗位置上贴上胶带，刻出门窗形状，多余部分撕去胶带。
3　调出墙面色，喷漆上颜色。
4　揭掉门窗上的胶带，封上屋顶。
5　配上小构件，如雨棚、阳台、走廊及花坛等。

【本章小结】

　　本章对模型材料进行了详尽分析，包括主材和辅助材料的类别、性能和结构，分别列出各种材质的优缺点，提出了加工制作过程中需注意的问题。针对材质特点采用的不同加工工艺和制作方法，可供学生根据模型制作要求和实际情况进行选择。

【思考与练习】

1. 建筑与景观模型设计制作常用表现材料包括哪些？
2. 简述建筑与景观模型设计制作常用材料的加工方法。
3. 简述建筑与景观模型设计制作常用材料的物理性质及其表现特征。

第 5 章
模型设计制作的表现形态与基本程序

本章重点　　■ 模型设计制作表现形态　　■ 模型设计与制作的基本程序

概念模型是当设计想法还比较朦胧时形成的三维表现形式，同样，在建筑与景观设计中，概念性的模型伴随着设计思路而形成。它直接在三维空间中进行设计，尽管比例小，但设计概念也是经过推敲而形成并逐步完善的。如果只局限于图纸上则不会有如此多的选择性。通常概念模型都是快速的制成，用于激发创造灵感，建筑材料也被象征性地表现出来。同时环境景观构思时各个组成部分之间的关系，如是否与周围环境和谐，通过概念模型可以将三维空间中构思的萌芽加以概括，采用简单的方法和易加工的材料加工来实现，目的是为了直观地比较形状、尺度、方向、色彩和肌理等，还有快速修改的特点。

按表现形态将建筑与景观模型分为以下三种类型：

地形学模型：地形学模型包括地形模型、绿化景观模型和花园模型。

建筑主体模型：建筑主体模型包括都市建筑模型、房屋模型、结构模型、内部空间模型、细节模型、小品模型。

电脑制作模型：电脑制作模型包括 CNC 建筑模型、实体模型与数字模型的相互转换。

模型的制作过程分为三个阶段，而这三个阶段和设计的三个过程相符。

第一阶段：草案—概念草图—概念模型。

第二阶段：设计—建筑及景观设计—工作模型。

第三阶段：执行—实体平面图—实体模型。

各模型制作阶段的特征和要求，见表 5-1。

表5-1　各模型制作阶段的特征和要求

要求对象 \ 制作阶段	概念模型	设计模型	执行模型
材质	快速且容易雕塑的，可制作的	轻易改变的、限制的、持久的	持久、不褪色、坚固、模型运送的可行性
工具	能够表现概念即可，但要简单且品质好	从简单到专业，练习在过程中是必要的。从好的工具到非常好的工具	配合制作模型的种类，练习是过程的前提，非常好的工具
	所需工具都应具备好的品质		

续表

制作阶段 要求对象	概念模型	设计模型	执行模型
机器	不是必备的	有时需要，练习是必要的	必备的，根据模型种类而用特别的机器，练习是前提
工作场地	所有机器应该具备好的品质		
	制图桌并配备工作护垫或是工作台紧邻制图桌	备有机器插座的工作台，并紧邻制图桌	具有机器插座的工作台，最好有个人空间
	一般在工作场地应必备： 1. 急救用的包扎用品箱 2. 在工作场地必备的用品，如工作服、护目镜等 3. 工作台应具备插座 4. 工作场所应有良好的照明和通风设施		

在每一个制作过程中，对模板、材质或相关的制作工具，甚至不同的工作场所，都有不同的要求。制作一个概念模型并不需要特别的机器和工作室，但所需材质必须尽快取得，且它们应是容易被雕塑和制作的；而制作工作模型的条件则是固定的，即建筑主体类群必须是可更替的，并呈现出主要的形式特征；实体模型则带给我们一个清楚的说明。此外，依此制作过程，模型应该能满足造型任务的需求，即模型的材质应在其外表和颜色上极具意义，并达到应有的效果。

经由模型材质上的关系和对比以及草图而决定的空间关系将因此被转换和强调，同时也提高了效果。最后在实体模型中排列解说词，比例和方向陈述（指北箭头），并考虑如何运送实体模型，可否对该模型进行分拆、包装。从造型的意图和所选用的材质来看，为了做好建筑的执行模型，大量的工具及机器花费是必要的，同时对工作场所也有特别的要求。

5.1 模型设计制作表现形态

5.1.1 地形学模型

地形学模型通常在设计开始前制成，为景观规划展示严格的尺度及地形环境。它要求记录对建筑与景观设计有影响的地形特点，如现存建筑，周围路网及绿化。一般计划项目要求不能影响现有建筑，地形学模型就像一块"底板"一样来承接将要设计的建筑与景观模型。等高线是通过粘接片层材料装配而成的，如吹塑纸、软木板、泡沫板、胶合板、PVC板以及各种纤维板和有机玻璃等材料。

地形学模型概念：自然模型或景观模型的片段中的自然地形或是被塑造出来的风景，包括城市空间的描绘，如游乐场、绿化场地、各类公园。

地形学模型内容：描述交通、绿化、水平面以及表面，例如城市建设、车辆、人群。

地形学模型比例：从大的比例到细节的比例，大约是按 1:2500~1:500 制作而成。

地形学模型主要强调比例对环境以及已存在物体的描述，而建筑物草图的基础景观模型、花园模型，首先是对环境的空间品质所做的描述。在建筑与环境模型表现中，常见的地形学模型大体可分为三种类型。

1. 地形模型

1）地形模型的比例。包括1∶500、1∶1000、1∶2500、1∶5000。

2）地形模型的内容。地形模型展现出地形地貌的情况，也就是基地的形式和新的景观规划造成的改变。在地形模型中表现出建筑、交通、绿化、水面以及断面层。

3）地形模型制作各阶段：

概念模型：是对地形模型以平面或斜面的形式呈现。在整个草图的制作阶段，地形模型要呈现出设计模型的各阶段。因此，地形模型必须是准确的。

设计模型：是对现存的可能性说明，依比例地描绘基地形式。例如，个别的树木、交通、绿化和水体。设计模型可以继续被加工为实体模型，因而它必须建立在地形模型之上。

实体模型：是对地形学、道路指示系统、绿化和水平面最终的表达，其中包含了现存计划中的树木，应符合模型预期状态。

2. 景观模型

1）景观模型（见图5-1至图5-3）的比例。包括1∶500、1∶1000、1∶2500、1∶5000。

2）景观模型的内容。在模型中要表现出交通、水体、树丛、森林、林缘线，而建筑主题和建筑主体群则是以简单的形式呈现。景观模型的重点是阐明景观空间和与此相关的地表模型，如树木、断层面和个别风景特定的建筑，以及与环境可以融为一体的主要建筑。在景观模型中需要对景观花园、停车场和休憩区进行设计表现。

图5-1 建筑群为主题的模型范图

图5-2 园林景观为主题的模型范图

图5-3 自然景观为主题的模型范图

3）景观模型制作各阶段：

景观概念模型：在地形模型的基础上，利用简单的模型基础材质作为发展。

景观设计模型：要求精确，对空间形式、空间关联性和空间大小可变动的陈述和对方位和观察的标志的准确说明。

景观实体模型：是对空间状况、绿化和现存的以及被设计出来的建筑物具体、明确的说明。

3. 花园模型

其实花园模型是景观模型的一部分。

1）花园模型（见图5-4）的比例。包括1∶500、1∶200、1∶100、1∶50。

图5-4　花园模型范图

2）花园模型的内容。包括居住区、别墅及城市的内部空间；游步道、教学和训练小径、游憩草坪和小型广场、露营、帐篷和沐浴广场、水上运动设施和环境设施；陵园、纪念碑、植物角、动物角、空中花园；小型园林建筑、喷泉设施、瞭望台等。花园模型重点表现为调制和塑造绿化、道路和小广场的制作及篱笆和墙的表面。它们将主体模型和花园模型以相符合的陈述顺序关联地呈现出来。

3）花园模型制作各阶段：

花园概念模型：地形模型和地面的塑造、道路和空间设计有关，通过简单的材质阐明，用以研究空间关系、视野关系和可能的眺望景点，建筑的尺寸将和基地相融，并探究其关联性。除了草图之外，可辅以地形的计划及相关的照片。

花园设计模型：是精确表达与园林艺术的表现，包括交通、水体、植物表象的处理，建筑主体的细节描述及空间联想。对建筑主体和个别物体，如喷泉、纪念碑等，模型的装饰物是可移动更改的，植物的方位也可选择。通过制成实体模型，探讨工作模型的材质表现以及展现的颜色。

花园实体模型：详细地对建筑主体细节进行描述，表现出环境和地形的关联。实体模型是不可变更的，呈现出了设计图最后形态。

5.1.2 建筑主体模型

建筑主体模型（见图5-5至图5-7）比例：在城市建筑的模型（比例1∶1000～1∶500，详细的1∶200）范围中，注意空隙和广场。

图5-5 佛塔建筑模型实例

图5-6 单体别墅建筑模型实例

图5-7 建筑群模型实例

大型建筑专注于个别建筑主体和构造、功能和形式，建筑主体可依照比例整体地、部分地或是详细地描述。

建筑主体模型内容。建筑主体模型为城市建筑模型、构造模型、内部空间和细节模型。在对建筑主体空间、造型和构造内涵理解的前提下，可以考虑以下几点：

- 建筑主体与地形模型的一致性。例如原地形、地貌和原有的绿化植物。
- 除了现存的建筑体外，还需要阐明周边的交通或开发利用状况，在某些意义上是为了建筑主体的外部开发而展开。模型的制作根据可视重点而决定，如阐明空间塑造的成型、功能的分析或构造的形成。
- 在形式上，注意形象的表现和主体的接合以及空间形式、空间大小和空间次序。结合材质、表面和颜色来体现建筑主体，并解决模型环境的观察和视觉关系。在功能上，注意建筑主体和空间的排列及增补。结合外部和内部的开发，提高模型的利用价值。在构造上，城市建筑和结构模型基本上依比例而定。

1. 城市建筑模型

城市建筑模型基本上是以地形模型为基础来制作的。

1）城市建筑模型比例。城市建筑模型是当做概况、位置、计划的模型。通常比例为 1∶1000～1∶500；详细的描述局部比例为 1∶500～1∶200；在城市广场、道路等塑造范围的比例为 1∶100～1∶50；概念模型可以应用 1∶1000 或 1∶2500。

2）城市建筑模型制作各阶段：

城市建筑概念模型：通过强调建筑比例、建筑比例的分配和分类以及城市空间的组成，以地形模型为基础，在模型的空间和功能上来做表现。

城市建筑设计模型：是被计划的建筑主体已有具体清楚的形式。一方面呈现出现存物无法改变的和可展览的品质；另一方面也允许改动不严谨的设计部分，可制作插入模型。

城市建筑实体模型：精确地呈现在建筑和风景核心里，被设计的建筑主体的最后整理、合并。

2. 建筑物模型

1）建筑物模型比例。建筑物模型以 1∶500 或 1∶200 被制作成城市建筑中地形学模型的附加模型。1∶200～1∶50 比例的模型通常只局限在对建筑物的描述，不包括周边的环境。

2）建筑物模型内容。在建筑物模型中可表现出主要的外观划分元素和屋顶平面、建筑主体的塑造成型和它们的接合以及基地和现存建筑的关联性。可以将其外观平面或是部分以透明的方式表现，让空间建筑的视野尽可能最佳。屋顶或外观平面可以拆解，能够展现内部的空间构造。楼层能够拆卸，这样可对空间开闭进行诠释，内部空间的划分能充分体现。

3）建筑物模型制作的各阶段：

建筑物概念模型：主要的特征是建筑设计创作的自由性和组成的易变性。概念模型以简单的方式和易变化的材质呈现出造型和空间的影响。即形式、大小、方位、位置、明暗、颜色和表面的对比。

建筑物设计模型：在设计模型中，主要研究细节不同的设计图之间空间造型的关系及与此相符的结构和组织的问题；表现其空间形式、空间建设、空间顺序等，较清楚地阐述建筑物内部和外部关联关系，使其在模型中达到最完美的境地。在概念模型中讨论外部的大致形式，在设计模型中则是外观和屋顶等具体的形式。如，开口、划分元素、突出或凹入、外观韵律和屋顶平面，使用相应的材质精确地制作。

建筑物实体模型：大体上都是为了展览目的而制作的最后的建筑设计。除了呈现出对地形地貌条件精确的描述外，还有与此合为一体的建筑设计、城市建筑的前后关系和制造相适应的比例元素（如汽车、人群、城市交通）。

3. 结构模型

1）结构模型（见图5-8）的比例。常以1∶200和1∶50的比例制成，模型的结构呈现开放状，而不是整体造型的建筑。

图5-8 结构模型范图

2）结构模型的内容。根据构造结构模型解决了功能上和结构上困难的空间概念问题，并且阐明其他的建筑语言。构造模型通常以地形模型为基础，以场地模型为底板来推敲结构形式，或是依据建筑物模型而形成。

3）结构模型制作的各阶段：

结构概念模型：是直接可支配的、造型简单和可补充的，通常可由目的不明的材质进行制作。首先是对结构空间的连接性和功能性进行分析，帮助设计师在设计草图开始阶段清晰地阐明复杂的空间概念，快速简单地表现出结构空间的可变性。这些模型代表的是基本的构思，同时决定了结构模型。

结构设计模型：通常要展现出最后的状态。注重详情和细节问题，并经过修改后，得以应用。

结构实体模型：为了展览和交流的目的而被精确陈述和最终描绘的结构模型。结构模型通常是企业为了满足展览或表演的需要。

4. 内部空间模型

内部空间模型是为了暴露并解决空间上、功能上和视觉上的问题而制作的,并且最终得以证明和表现的模型。为了更接近作品的内部,建筑室内模型在制作时,无论采用何种比例,首要的问题就是能让楼板层、外墙面甚至整个楼层都能移开。

1）内部空间模型比例。模型通常要呈现出各自的内部空间或众多空间的秩序。内部空间模型以1:100~1:20的比例塑造空间的功能、细部和光线技术问题,通常根据内部空间的颜色、材质和家具来进行设计与制作。

2）内部空间模型的内容。内部空间模型还特别包含舞台布景模型类群,是描述舞台布景设计的主要媒介;内部空间模型也可以当做是颜色和材质试验的模型;建筑室内模型成为局部剖切模型,就像剖面图的作用那样以三维的形式呈现。剖开的部分形成一个剖切构架,使内部空间一目了然地展现出来。模型在比例上和剖切处都经过精心选择,内部的墙面也经过装饰。

3）内部空间概念模型制作的各阶段:

内部空间概念模型:是为了以尽可能简单的方式思考空间的状况,使用可直接被支配的材质,表现布景及装配方面的空间关系。

内部空间设计模型:依据模型设计图构思具体实现并修整特定空间状况。设计模型对于材质、家具、装饰、光线、视野、指标的表现可变动。

内部空间实体模型:是为了呈现最终的设计而制作的。模型主要用来表现医院、旅馆、影剧院、音乐厅和住宅空间等。

5. 细节模型

1）细节模型比例:常用比例为1:10~1:1。

2）细节模型内容:细节模型为解决主要结构和形式的个别问题及在细节模型中颜色和形式以及材质的问题;细节模型的主要范围涵盖结构的交点及其接连方式、空间和外部局部、装饰物和摆设;依据片段和细节模型,对空间内特别复杂的结点和细节进行设计并详细地表现,这些细节既可以表现构造,也可涉及装饰;用片段和细节模型解释形式、材质、表面、颜色以及衔接问题。

片段和细节模型以非常精确的技术性的绘图和成熟的设计思考为基础。基本上不是以概念或设计模型来呈现,而是实体模型。

5.1.3 电脑制作模型

电脑在当今设计工作中应用得非常广泛,20年前还很难想象它能发展成为设计师生活的一部分。今天设计师对电脑的熟悉程度,就像老一代设计师对绘图纸一样。这种技术还体现在可以利用它们学习模型制作技术。现在CAD和软件包广泛地应用于设计中,借鉴了其他学科的知识,将3D机加工技术应用于各类形体的制作。

利用3D机加工电脑程序,能精确地用激光切割环氧树脂材料,直接把STL电脑文件发送到ISDN线路上控制加工模型体块。这种立体造型雕刻完成之后,电脑程序控制的这种模式可以再精确地加工出许多这种造型的复制品。而且可按需要采用各种不同的材料,如铸模铝材或真空塑性塑料等。

创造性的未来模型广泛地应用于景观设计。电脑在空间技术上只能充当观察仪和出图机的角色，为超越这个限制，电脑的某些应用已经完全重新定义我们"看"和构思空间的方式，这种将建筑设计与高科技结合在一起的方法为建筑探索开拓了全新的领域。

CNC是电脑数字控制（Computerized Numeric Control）的简称，意味着使用特殊的工具对模型进行精处理。在建筑模型制造领域，CNC技术首先应用于飞机模型的制作，实现了用小比例尺展示高精确性，成批制作形式复杂的模型组件以及大量细节雕琢的优越性。可以运用CNC系统制作相同数据的模型，CNC系统在电脑屏幕上显示的是向量图。在此情况下，使用者通过录入装置（键盘、鼠标）等向电脑发送指令，该指令经过电脑软件处理后，控制描绘器（铣刀）在平面上按书写方向进行移动，切割纸板，纸板的两条边则符合X、Y坐标轴。

1. CNC系统的组成

CNC系统通常包括电脑和铣床，铣床下放置模型制作的纸板材料。电脑屏幕上显示有通过录入装置录入的信息，如每条切割线的绘图方式（是否弯曲、弯曲方向）、线的宽度及其颜色等，其构成的图形在X、Y、Z（Z轴表示铣刀的切割深度）坐标系中的位置。例如，针对屏幕上所显示的红色线条，铣床将用相应型号的铣刀在模型材料上切削1mm深，其他所有的线条则使用相应型号的铣刀按照顺序逐条切削。切削之后，对照模型设计图纸进行模型组装。

在CNC系统中，还可以将热线切割机同电脑连接。此外，在少数情况下才使用立体印刷机制作模型。

2. CNC系统的优点

随着电子与CNC技术的发展，可以直接将模型变成建筑实体，这种技术将虚拟的建筑构思变为现实，使设计师在这种将无限的可能性融入建筑构件的条件下去寻找自身的位置。

首先是制作精细，在小比例尺的模型中可以表现大的细节；模型的零件不受形式大小的限制；可以切削所有的曲线，包括"规则曲线"和"不规则曲线"；可在切割模型材料之前，在电脑屏幕上摆放所要切削的形状，以达到节省材料的目的；加工时消耗小，节省时间。

3. CNC系统相关的机器

CNC系统中，不同机器可以加工不同的材料。铣床可以切削所有薄片型及结合型材料，如各种石才、胶合板、保丽龙、PVC、有机玻璃、黄铜、铝等。

热线切割可以加工块状以及板状的硬泡沫，立体印刷在加工一个特别平滑的艺术品时，可用激光在较薄的材料上雕刻。

4. 实体模型与数字模型

实体模型和数字模型之间的工作关系形成了真实世界与虚拟世界之间的相互转换，建筑模型的复杂性使设计从草图或概念出发，直接在三维空间中推敲，通过手工操作来不断深入发展方案，最后形成自由的模型形式。实体模型在表现全新的构思时具有快捷和直接的特点，因此只有在设计阶段的后期，概念成熟才借助电脑，以数字化的形式再现，模型的表面得以形成，并利用电脑模型打破常规性的创造。用探索性的实体模型将设计构思发展成三维形式，用小比例的模型来改进上一步的成果。模型的目的是推敲外型体块的组合关系，为了研究如何把它建成，还要做出图来对内部和外部结构进行计算，实体模型就必须进行数字化处理，将模型切割成3mm厚的薄片，每片的形状扫描输入电脑，使数字化的切片在机器中再生成CAD模型来计算结构，形成超等结构的概念，然后再经过调整设计，用数字控制和机器加工制成全新的1∶100比例的模型。

5.2 模型设计与制作的基本程序

5.2.1 模型制作工作场所

模型制作工作场所见图5-9、图5-10。

图5-9　模型制作场所

图5-10　模型粘接修整工作场所

在初级阶段，要在绘图桌旁边安置一张模型制作桌。这张桌子必须大到能够满足三方面的需求：

1）为模型制作的切割垫座和丁字尺的固定台面做准备，可以作为进行分割和模型部分研究的场地。

2）可以进行组装和安排部分稳定且平坦的画线台。

3）为工作准备的插座和小型的手工器具。

为了长久地保存材质和工具，需要一个架子和工具柜，最好是工具滑动架。对灰尘敏感的纸张、纸箱、厚纸板和人造物质的平板（聚苯乙烯）及亚克力玻璃，由一个上锁的抽屉（计划橱柜）提供稳定的保存是最好的。为了不同的工作尝试，我们遇见吸引人的材质时还需要一座支架，如果空间足够的话，最好有一个较宽敞的支架，这可以是一张稳固的桌子，或是介于两张高脚凳间的平板，更好的是一张个人可调整高度的装配桌，好让我们能够挺直地在模型旁工作。不论坐姿还是站姿，在模型上方弯着腰工作很快就会感到费力和疲倦。除此之外，一个差不多在眼睛高度位置的装配桌能使模型看起来较为精确。

使用上述工具和机械，设计者和制作者就能胜任大部分的工作要求。不仅是制作工作模型，而且相当一部分的实体模型也将在此依照其被期待的品质出现。

随着模型需求的增高而再购置机械，就不得不扩大上述绘图桌旁的范围。可以预见，扩大后的个人空间或是封闭空间应满足如下要求：

1）为了部分模型的预备和完工。

2）为了装配和组合。

3）为了材质的加工利用，尝试进行部分材质试验或采用现成材料。

4）为了机械和工具。

1）~4）项能够包含在同一个空间中，这是为了物件存放处（架子，桌子）而做的考虑。除了上述空间之外，还需配有合适的电源、水源接头以及吸尘器的机械空间。

5.2.2　准备计划工作

在工作开始前，必须明确模型制作的目的和要求。在充分体会方案设计理念、明确表现目标的基础上，再着手拟定一份详细的模型制作计划。

1）模型类型的问题。确定哪些方面以及哪些描述是与此相关联的？是概念模型？还是设计模型？还是实体模型？

2）模型的任务问题。本模型描述什么？研究和推敲什么？哪些是设计思想表现的重点？建筑主体与其他环境因素之间的关系？怎么表现？

3）模型参考文献问题。参考文献是否齐全？模型的平、立、剖面图是否可以依此实施？

4）模型比例问题。模型适合多大比例？选择哪些片段？

5）材质、工具、机械、个人的能力和经验问题。哪一种材质以及它是否符合设计精神？是否能够在可支配的时间里依数量将所需的材质购置齐全？是否能够以可支配的工具和机械在这样的空间中制作？是否使用正确的工具、机械和有正确的知识、经验来执行工作并进行试验？

6）模型制作的时间问题。模型制作的进程明细是否完全？是否合理？

7）包装和运送问题。模型如何被包装？什么是最大的尺寸？模型必须被拆解吗？

5.2.3 模型的设计阶段

模型设计与模型制作的关系是相辅相成的,二者相互依存与相互作用。特别是草模阶段的设计推敲与修改,对完善设计方案功不可没。设计从图纸到模型,又从模型到图纸,既是推敲设计方案的过程,也是检验设计图纸的精确以及设计方案定位的可行性的过程。

传统的设计方法一般以平面图、效果图、剖视图来表现,模型设计的基本程序要求根据图纸的程序方案进行,可归纳为两个阶段:

1)首先要画出草图,草图要有三维变化角度的视觉效果。
2)根据方案草图画出制作模型的基本尺寸比例图。

5.2.4 模型的制作阶段

模型是一步一步地完成的,其制作可分为下几个阶段:

1)底座的结构。
2)地形、地势的建立。
3)绿地、交通与水体。
4)建筑物的制作。
5)环境的补入与绿化种植。
6)设计说明。
7)保护套、包装。

模型师是否按这个顺序进行制作,或是从建筑物开始再完成底座、地形和绿化,是因人而异。重要的是,如何使模型的整体一开始就可以将其作用表达出来,而不会过目即忘。当做出模型后,需要对设计进行更高一级的评估,由参与设计的各方面专家与决策的高层管理部门以及相关使用对象来分析评定,并根据反馈的评估结果修改设计方案和模型,甚至重新制作模型,直到符合要求为止。

【本章小结】

本章介绍了地形类模型、建筑主体模型与电脑制作模型制作的表现形态与基本程序,提出了各种模型制作阶段的特征和要求。同时结合模型范图的形式讲解了建筑模型制作的一些注意事项。

【思考与练习】

1. 建筑与景观模型设计制作的表现形态如何分类?
2. 简述建筑与景观模型设计与制作的基本程序。

第6章
建筑与景观模型设计

本章重点
- 建筑与景观模型项目的确定
- 建筑与景观模型设计
- 建筑与景观模型设计构思
- 建筑与景观模型项目的策划及运作

建筑与景观模型设计是景观设计完成后，在模型制作前，依据建筑模型制作的内在规律及工艺过程，所进行的制作前期策划。建筑与景观模型设计可分为模型项目的确定、设计构思、模型设计三个阶段。下面分别介绍每个阶段的主要工作内容。

6.1 建筑与景观模型项目的确定

项目确定阶段主要是确定所做模型的设计图纸。通常学生进行模型设计制作训练时，模型有两种来源，第一种是受开发单位或业主委托，结合教学实战操作，第二是自选模型项目进行制作。

1. 开发单位委托项目的确定

开发单位的项目一般会有设计图纸或者建成的成品，无论是哪种形式的委托制作业务，都要有模型的平面图、立面图和剖面图。业主提供图纸的项目比较好确定制作内容；如果景物已建成，只有平面图或什么图纸都没有的情况下，模型的设计师也可以用测量或参阅图片的方法来取得平面图和立面图，也可到实地对景物进行拍摄，并通过推算画出建筑与景观模型的平面图和立面图。

2. 自选模型项目的确定

自选项目有两种，一种是作为有助于建筑与景观设计进行深入构思的辅助模型，另一种是依据环境景物建成前或建成后的图纸来制作模型。

模型制作有助于建筑与景观设计的深入构思。建筑与景观设计的构思发展，是指生产、推敲、完善等创造性设计思维的全过程。依据建筑与景观设计来制作模型，有助于原始设计构思的推敲和修改，使各种有关的设计因素，如功能与形态、整体与局部、局部之间、整体与环境的关系以及单元组合方法，高与宽、色彩和材料的关系等，得到更加合理的安排。如自己寻找模型设计图纸作为模型制作训练，首先要搞懂建筑与景观的功能、形态、结构、材料，还要分清功能与形态、功能与结构、功能与材料以及景观的整体关系等。另外，还要校正平面图和立面图的尺寸。

6.2 建筑与景观模型设计构思

建筑与景观模型设计构思包括比例和尺度的设计构思、形体的设计构思、材料的设计构思和色彩与表面处理的设计构思，共四部分内容。构思包括建筑物与配景的做法、材料的选用、底台的设计、台面的布置、色彩的构成等。

1. 比例和尺度的设计构思

建筑与景观模型比例一般要根据模型的使用目的及模型面积来确定。比如，单体建筑及少量的群体景物组合应选择较大比例，如 1∶50、1∶100、1∶300 等；大面积的绿地和区域性规划应选择较小的比例，如 1∶1000、1∶2000、1∶3000 等。

在模型比例确定之前，首先要考虑展览场地大小布局、游览路线、模型数量、模型摆放区域的大小以及入口大门的高度和宽度等因素。体积比较大的模型通常分成两块以上，最简单的方法就是对照上述因素在三维空间中大致模拟出预设的模型大小；用该尺寸去除模型实际要表现的用地大小，即可得到比例尺；再用该比例尺去推算模型的大小，这样取得大致的概念；最后，把比例尺调整到一个整数，表现范围也做相应取舍，就得到了确定模型的尺寸大小及比例。

模型尺度的确定要遵循"比较而大、比较而小"的原则。模型里的大和小是通过比较而来的，大并非是体量上绝对的大，只有拿生活当中最常见的参照物来比较才能得到答案。特定景物在等比例关系空间里做得太大或太小，会产生和周边路网衔接不上或与其他建筑和景物的位置关系无法确定等问题。

2. 形体的设计构思

真实的建筑与环境景物按比例缩小后会产生一定的视觉误差。通常采用较小的比例制作而成的单体模型，在组合时往往会有不协调之处，应适当进行调整。如有的开发单位总想把模型做得细而又细，这在以前由于技术的局限有时想细也细不下来，现在随着电脑雕刻机的运用这已不是问题。有些地面铺装图案很好看，但在较小比例的模型中，按实际比例制作的话就会让人眼花缭乱。因此，模型中必须进行再设计或是修正工作。

3. 材料的设计构思

景观环境中的景物是非常丰富的，在制作模型之前要选择好相应的材料。这就是说，应根据景观设计特点，选择那些能够进行仿真的材料。当然，在选择材料的时候，既要求材料在色彩、质感、肌理等方面能够表现建筑与环境景观的真实感和整体感，又要求材料具备加工方便、便于艺术处理的品质。

4. 色彩与表面处理

色彩与表面处理是模型制作设计的重要内容之一。色彩的表现，是指在模拟真实环境景观的基础上，设计师要用手中的材料发挥出造型艺术和色彩艺术的魅力。为此，要注意视觉艺术、色彩构成的原理、色彩的功能、色彩的对比与调和以及色彩设计的应用；要掌握好原色、间色和复色之间的微妙差别；更要处理好色相、明度和色度的属性关系。

要表达出建筑与景观模型外观色彩和质感的效果,需要进行外表的涂饰处理。对模型进行涂饰,不但要掌握一般的涂饰工艺知识,更应该了解和熟悉各种涂饰材料以及工艺所产生的效果。从经济、实用、美观的角度要求模型在视觉上的效果近似于真实环境,这就算达到目的。对模型表面处理的材料而言,可以利用各种绘画颜料和装饰品。

6.3 建筑与景观模型设计

建筑与景观模型设计是从制作角度上进行构思的,主要分为三部分,即建筑主体模型设计、模型绿化设计和其他配景模型设计。

6.3.1 建筑主体设计

建筑是景观的主要构成因素之一。建筑主体一般由个体或群体建筑组成。同时,由于模型用途、比例的不同,又有规划模型或展示模型之分。但无论建筑主体的组合方式与类别有何不同,在制作模型前,都要依据设计图纸进行建筑主体模型设计。

建筑主体设计是建筑与景观模型制作的关键点。建筑主体制作、设计得如何,往往决定着模型制作的成败,通常模型设计师容易忽略这一环节,只是机械地照图施工。模型制作本身就是一种造型艺术,追求的是一种形式美,这种形式的美决不是通过机械的、无序的制作所能体现的。所以在模型制作前,一定要根据设计的图纸进行建筑主体制作设计,只有这样才能使建筑主体制作避免程式化以及群体制作的无序性,才能使建筑与景观模型超凡脱俗,体现出艺术之精华。

在建筑与景观模型设计前,首先要取得模型制作需要的全部图纸。一般规划类模型要有总平面图,建筑要标有层数或高度等数据;若是比例较大的模型,根据制作要求需提供相应的建筑立面图或轴测图等;制作单位或群体建筑的展示类模型时,则要求具备总平面图及建筑单位的立面图、各层平面图和剖面图。

具备上述图纸之后,即可进行建筑主体制作设计。建筑主体制作设计不同于建筑设计,主要是依据图纸及建筑设计方的要求,结合材料和制作过程的各环节所进行的制作前期策划。通常主要从以下几个方面考虑。

1. 总体与局部

根据建筑与景观设计的风格、造型,从宏观上控制调节建筑模型主体制作的材料、制作工艺及制作深度等制作诸要素来把握总体关系。在进行每一组建筑主体模型设计时,最主要的是把握总体关系。其中,制作深度是一个很难掌握的要素,一般人认为越深越好,其实这只是一种片面的认识。实际上,制作深度不是绝对的,而是相对的,随整体的主次关系、模型比例的变化而变化。只有这样,才能做到重点突出和避免程式化。

每个建筑模型主体都是由若干个点、线、面的不同组合而成的。在把握总体关系时,还应该结合建筑设计的局部进行综合考虑;但从局部来看,造型上都存在着一定的个体差异性。这种个体差异性制约着建筑模型制作工艺和材料的选定,所以,在进行建筑模型主体制作设计时,一定要结合局部的个体差异性进行综合考虑。

2. 材料选择

在选择建筑与景观模型材料时，根据建筑主体的风格、形式和造型来选择。在制作古建筑模型时，一般较多的以木质（航模板）为主体材料。木质材料有利于表现古建筑的造型、结构和质感。

在制作现代建筑模型时，一般较多地采用硬质塑料类材料，如亚克力板、ABS板、卡纸板等，因为这些材料质地硬而挺括，可塑性和着色性强，经过加工制作后可以达到极高的仿真程度，特别适合于现代建筑的表现。

在选择制作建筑模型的材料时，还要参考建筑模型的类型、比例和模型细部表现及深度等诸要素进行。通常材料质地密度越大、越硬，越有利于建筑模型细部的表现和刻画。

总之，选择制作建筑模型的材料应根据需要表现的建筑模型对象来进行，切不可程式化和模式化地选择材料。

3. 建筑模型效果表现（见图6-1、图6-2）

图6-1　规划建筑群模型效果范图

建筑模型主体是一个具有三维空间的建筑物，它是根据平、立面图组合而形成的。但有时由于方案的设计深度和建筑模型制作比例等因素的限制，很难达到预想的要求及最终效果。所以，模型设计师在制作模型前，以不改变原有建筑设计为前提，应根据图纸及表现要求对建筑模型进行二次设计或修正。

在进行建筑立面表现设计时，首先将设计人员提供的立面图缩放至实际制作尺度。然后，对建筑物的最大立面与最小立面、最简单立面与最复杂立面进行对比和观察。在观察中不难发现，设计人员提供的原设计图纸的比例若大于实际制作比例时，其立面就容易产生过繁现象，这时就要与原设计人员协商，进行适当调整以取得最佳的制作效果。

图6-2　景观模型效果范图

此外，还应充分考虑到建筑设计图纸的立面效果。在进行建筑立面表现设计时，一定要注意模型制作尺度、表现手法和实际效果，这种效果表现一定要适度，不应破坏建筑模型的整体效果。

4. 建筑模型色彩

建筑与景观模型的色彩与实体建筑色彩不同。建筑模型的色彩表现形式有两种：一种是利用建筑模型材料自身的色彩。主要是体现一种纯朴、自然的美；另一种是利用各种涂料进行表层喷涂，产生色彩效果。表现的是一种外在的形式美。在当今的建筑模型制作中，较多地采用后一种形式进行色彩处理。

在利用各种涂料进行建筑模型色彩处理时，模型设计师一定要根据表现对象及所要采用的色彩种类、色相、明度等进行制作设计。

首先，应特别注意色彩的整体效果。因为，建筑模型是在榀尺间反映个体或群体建筑的全貌，每一种色彩都同时映射入观者眼中，产生综合的视觉感受，哪怕是再小的一块色彩，若处理不当，都会影响整体的色彩效果。所以，在建筑模型的色彩设计与使用时，应特别注意色彩的整体效果（见图6-3、图6-4）。

图6-3 单体建筑模型色彩表现范图

图6-4 建筑群模型色彩表现范图

其次,建筑模型的色彩具有较强的装饰性。建筑模型就其本质而言,它是缩微后的建筑物。因而,作为色彩也应作相应的变化。若建筑模型的色彩一味的追求实体建筑与材料的色彩,那么呈现在观者眼中的建筑模型色彩显得很乱。

此外,还应注意建筑模型色彩的多变性。多变性是指由于建筑模型的材质不同、加工技巧不同,色彩的种类与物理特性不同,同样的色彩所呈现的效果不同。如纸、木质材料,质地疏松,具有较强的吸附性,着色后色彩无光,明度降低。而亚克力板和ABS板,质地密且吸附性弱,着色后色彩感觉明快。这种现象的产生,就是由于材质不同而造成的。又如,在众多的色彩中,蓝色、绿色等明度较低属冷色调的色彩,在做建筑模型表层色彩处理时,则会给人造成体量收缩的感觉。红色、黄色等明度较高属暖色调的色彩，在做建筑模型表层色彩处理时，则会给人造成体量膨胀的感觉。但当这两类色彩加入不同量的白色时，膨胀与收缩的感觉也随之发生变化。这种色彩的视觉效果，是由于色彩的物理特性而形成的。又如，在设计使用色彩时，通过不同色彩的搭配和喷色技法的处理，色彩还可以体现不同的材料质感。通常见到的石材效果，就是利用色彩的物理特性，通过色彩的搭配及喷色技法处理而产生的（见图6-5）。

图6-5　色彩搭配效果范图

6.3.2　绿化制作设计

配景设计，是建筑与景观模型设计中的一个重要组成部分，它所包括的范围很广，其中最主要的是绿化制作设计。建筑与景观模型的绿化由色彩和形体两部分构成。但设计师给定的制作图纸的深度尚处于方案和详细规划阶段。因此，对于绿化只是在布局及面积上有所标明。作为模型设计师要把这种平面的设想制作成色彩与形体的实体环境景观，就必须在制作前对设计师的思路和表现意图有比较深刻的了解。同时，还要根据模型制作的类别及内在规律合理地进行制作设计。绿化制作设计时还应考虑以下几方面。

1. 绿化与建筑的关系

在进行绿化设计制作前，首先要对建筑的风格、表现形式及在图面上所占的比重有着明确的了解，因为绿化无论采用何种表现形式和色彩，它与建筑之间应该是和谐的。

在设计制作大比例单体或群体建筑模型绿化时，对于绿化的表现形式要尽量做的简洁些，做到示意明确、清楚有序。不要求新求异，切忌喧宾夺主。树的色彩选择要稳重，树种的形体塑造应随着建筑主体的体量、模型比例与制作深度进行刻划。

在设计制作大比例别墅模型绿化时，表现形式可以考虑做得新颖、活泼一些，要给人一种温馨的感觉，塑造出家园的氛围。树的色彩则可以考虑明快些，但一定要掌握尺度，如果色彩过于明快则会产生一种漂浮感。树种的形体塑造要有变化，做到有详、有略，详略得当。

在设计制作小比例规划模型绿化时,其表现形式和侧重点应放在整体感觉上,因为此类模型的建筑由于比例尺度较小,一般用体块形式来表现,其制作深度远远低于单体展示型模型。所以,在设计制作此类模型绿化时,主要将行道树与组团、集中绿地区分开。房间绿化应简化,如果过于刻划,则会产生空间的拥挤感。在选择色彩时,通常行道树要与绿地基色形成一定的反差,行道树可以比绿地的基色略深或略浅。这样就可以通过行道树的排列,把道路系统明显地镶嵌出来。而集中绿地、组团绿地除了表现形式与行道树不同之外,在色彩上也应有一定的反差,这样表现能使绿化具有一定的层次感。

在设计制作大比例景观规划模型绿化时,要特别强调景观的特点。因为,在大比例的模型中,绿化占较大的比重,同时还要表现若干种环境景观布局及树种。因此,景观规划模型的绿化有着较大的难度。在设计此类模型绿化时一定要把握总体感觉,根据真实环境设计绿化。而在具体表现时一定要采取繁简对比的手法,重点刻划中心部位,简化次要部分。切忌机械的、无变化的堆积和过分细腻的追求表现。另外,还要注意绿化与建筑主体的关系。在制作环境绿化时,树与主体建筑应错落有序,要特别注重尺度感。同时还要相互掩映,使绿化与主体建筑自然地融为一体,真正体现环境景观的特点。

2. 绿化中树木形体的塑造

自然界中的树木千姿百态,但作为模型中的树木,不可能也绝对不能如实的描绘,而必须进行概括和艺术加工。

在设计塑造树种的形体时,一定要本着源于自然界、高于自然界的原则去进行。源于自然界,是因为自然界中的各种树木在人们的视觉中已形成了一种定式,而这种定式又将影响着人们对模型中树木表现的认知。但源于自然界绝不意味着机械的模仿,因为模型是经过缩微和艺术化的造型体,同时,它又是用不同的材质来表现物体的原形。所以,在进行树形塑造时,必须在依据各自原形的基础上加以概括地表现。

3. 比例、绿化面积等因素对绿化的影响

在具体设计制作时,还要考虑模型的比例、绿化面积等因素的影响。

(1)模型比例的影响

在设计制作各种树种时,模型的比例直接制约着树木的表现。树木形体刻划的深度随着模型的比例变化而变化。一般来说,在制作1:500~1:2000的模型时,由于比例尺度较小,在制作此类模型树木时应着重刻画整体效果,而绝不能追求树的单体塑造。如果过分追求树木的造型,一方面会破坏绿化与建筑主体的主次关系,另一方面往往会使人感到很匠气;在制作1:300以上比例的模型时,由于比例尺度的关系,必须着重刻画树的个体造型,但同时还要注意个体、群体、建筑物三者之间的关系。

(2)绿化面积及布局的影响

在设计制作模型绿化时,应根据绿化面积及总体布局来塑造树的形体。在设计制作同比例而不同面积以及布局的模型绿化时,对于各种树木形体的塑造要求不尽相同。在设计制作行道树时,一般要求树的大小、形态特征基本一致,树冠部要饱满些,排列要整齐划一,这种表现形式所体现的是一种外在的秩序美;在制作组团绿化时,树木形体的塑造一定要结合绿化面积来考虑,排列时疏密要得当,高低要有节奏感。同时,还要注意绿化的布局,若组团绿地是对

称形分布，在设计制作绿化时，一定不要破坏它的对称关系，但还是要在对称中求变化。若组团绿地分布于盘面的多个部位，则要注意各组团之间的关系，使之成为一个有机整体；在设计制作大面积绿化时，要特别注意树木形体的塑造和变化。因为通过改变树木的形体，可以消除由于绿化面积大而带来的视觉感的贫乏，使绿化更具吸引力。另外，要把握由若干形体各异的树木所组成环境景观群体的整体性。因为，这种大面积绿化形式给人的视觉感，是一种和谐的自然景观，它所体现的是一种自然多变、有序的美。

总之，模型中绿化树木的形体塑造与绿化面积、布局三者之间有密不可分的关系，相互作用、相互影响。在设计和制作绿化时，要正确处理好三者间的关系。

6.3.3 绿化树木的色彩

树木的色彩也是景观绿化设计的一个重要元素。自然界中的树木色彩通过阳光的照射，自身的变化、物体的折射和周围环境的影响，都会产生微妙的色彩变化。但在设计建筑与景观模型树木的色彩时，由于受模型比例、表现形式和材料因素的制约，影响自然界中树木丰富的色彩变化。因此，只能根据建筑模型制作的特定条件，来设计描绘树木的色彩。

在设计处理建筑与景观模型绿化树木色彩时，应考虑以下几点。

1. 绿化植物色彩与建筑主体

在处理不同类别的建筑模型色彩时，应充分考虑色彩与建筑主体的关系。任何色彩的设定，都应随其建筑主体的变化而变化。

表现大比例单体模型绿化时，色彩要求稳重，变化要简洁，并富有装饰性。一方面可以加强与建筑主体色彩的对比，使建筑主体的色彩更加突出。另一方面，它可以加强地面的稳重感。单体建筑主体，一般体量比较大形体变化要丰富。相对而言，地面绿化必须配以较稳重的色彩，这样才能使模型整体产生一种平衡感。另外，单体建筑模型绿化的色彩变化应简洁，主要将示意功能表现出来即可。同时，色彩不要太写实，否则将破坏盘面的整体感与艺术性。

在表现群体建筑模型绿化，特别是小比例的规划模型绿化时，色彩的表现要特别注意整体感和对比关系。这类模型由于比例关系，建筑主体较多的表现体量而无细部。同时，绿化与建筑主体在平面所占的比重基本相等，有时绿化面积还大于建筑主体所占的面积。所以，在表现这类模型绿化时，要特别注意色彩的整体感和对比性。一般这类模型的建筑色彩较多地采用浅色调，而绿化色彩采用深色调，二者形成一定的对比关系，突出了建筑主体的表现，增强了整体效果。

2. 绿化植物色彩变化与对比

绿化植物色彩的变化与对比，是依据绿化的整体布局和面积的大小变化的。在树木排列集中和面积较大时，应强调色彩的变化，通过色彩的变化增强绿化整体的节奏感和韵律感。反之，则应减弱色彩的变化。色彩变化不是单纯的色彩明度变化，一定要注意通过色彩变化形成层次感和对比关系。层次感好比绘画中的素描关系，整体中有变化，变化中求和谐；对比关系就是，在设计绿化色彩时，最亮的色块与最暗的色块有一定对比度。如果绿化整体色彩过暗且缺少色彩间的对比，其结果则会给人一种沉闷、压抑感。如果色彩过分强调对比，则容易产生斑状色块，破坏绿化的整体效果。在设计绿化色彩时，应结合实际环境合理地运用色彩的变化与对比关系（见图6-6）。

图6-6 结合实际环境合理运用色彩的变化与对比关系

总之，绿化植物的色彩与表现形式、技法存在着多样性与多变性。在建筑模型设计制作时，要合理运用这些多样性和多变性，丰富建筑与景观模型的制作，完善对环境景观设计的表达。

6.3.4 其他配景设计

在设计其他配景制作，如水面、汽车、围栏、路灯、环境小品时，除了要准确理解设计思路和表现意图外，还要参考建筑主体及绿化的表现形式进行构思。在由平面向立体转化的过程中，要准确掌握配景物的造型、体量、色彩等要素，把握好与建筑、绿化的主次关系。

总之，在设计配景制作时，模型制作人员要有丰富的想象力和概括力，正确地处理各构成要素的关系。通过理性的思维、艺术的表达将平面的设计图纸转换为模型的实体环境景观。

6.4 建筑与景观模型项目的策划及运作

目前，模型的策划和运作方面最成功的就在房地产领域里，房地产商通过模型的方式展现楼盘建成后的效果。模型里精美的楼盘制作、和谐而明快的色彩、引人注目的灯光、丰富多姿的景园环境，使购房者留连忘返，心中升起购房置业的美好愿望。模型对期房销售起到了尤其重要的作用。在模型中，最吸引人的除了建筑物以外，无疑是优美的景观环境。创造出优美的景观环境模型，是房地产销售成功的主要因素。人们在模型面前分析家园的结构和环境，对照自己的心理预期，憧憬着未来的生活，从而产生购买冲动。

6.4.1 度身定制模型的类型

针对模型制作的要求，明确用模型来展示的最终内容。比如总体模型、单体模型、室内模型、景观模型、环境关系模型等。

根据确定的模型内容，进一步策划模型的风格，采购相应的材料，准备合适的模型工具，要突出模型的卖点和传达最佳视觉表现方式。

6.4.2 整体内容的布局处理

从规划的技术角度出发，首先要明确模型实际要表现的用地的范围，用地红线是制定方案的核心，围绕着这个核心把周边坐标性的元素适当表现出来，如道路、桥梁、标志性建筑、河渠等。以这些为向导，客户就对模型的位置和关系有了比较清晰的认识。

对实际要表现的模型景物，在进行布局时要考虑以下几个方面。

1）要以主景为主要表现对象，切忌喧宾夺主。要合理把握精与粗、虚与实的合理关系。整个模型的中心或是重心部分应该占据主要的视角。

2）对衬托和附加元素可以做适当的夸张和省略处理。这一部分的商业陷阱较多，也是商业策划中最有价值的部分。

3）无论如何处理，都必须基本符合视觉规划技术逻辑和美学构图的要求，并实事求是地写明模型的示意关系，具体以政府有关部门审定的文件为准。总之，把握这个度是关键，有时坦诚更能获得理解。

6.4.3 展览内容的策划设计原则

景观模型的制作一般包括建筑、地形、绿化和盘口等四大部分。

1. 建筑模型的灵活把握

建筑构架部分是根据建筑的图纸搭建的，按照既定的比例，由手工或电脑雕刻机将各平面、立面、剖面的墙体、地面做好然后拼接而成。其色彩及质感选用是关键的一环。和真实建筑相比，模型由于质感、尺度及视觉角度不一样，千万不能照搬、照抄实际的外墙装饰材料。模型就是模型，它是一门单独的学问，尊重这种艺术形式才是明智的。有时候，模型的立面色彩看起来和想象的有差别，但一套上模型整体环境就会好多了。把模型放到底盘上，用绿色植物一搭配更是相得益彰，这些就是模型制作艺术中的提亮和弱化等艺术手法。

有些模型设计师喜欢用电脑效果图来照本宣科，这是片面的，容易找不着感觉。电脑效果图的色彩是连续的光影关系，是变化的，被选中的部分仅在电脑效果图中是合理的。在模型上与在电脑效果图中的着色肌理是完全不同的，光的反射原理也不同。电脑效果图的用途就是显示色彩之间的搭配关系，剩下的就是看模型艺术创作者自己的把握水平了。

2. 环境景观的写意原则

对于环境景观部分，原则上也是根据设计来制作。但是在树种的表现和花草的颜色上，应该好好把握。树种的表现主要是写意，花草的颜色主要侧重表现美感。举例来讲，实际的景观环境中可能盛开着各种色彩的花朵，其色彩对比强烈，有红、黄、绿、蓝色等，但在模型中真实地表现出来就会显得很杂乱,反而不美、不真实。因此,现实中的景物和模型中的像与非像问题,本身就是一种矛盾的对立和统一,像到及至则不像,似像非像则正像,其核心是应抓住一个"神"字,确切地表现出环境景观绿化的风格特点才是目的。

3. 灯光的主次分层原则

灯光的配备要根据景物的特点来进行。居住区的建筑、水景灯光应尽量用暖色,常绿树的背景则用冷光源;路灯和庭院灯应尽量整齐划一,按照某种规律排布。项目尽量色彩丰富些、层次多些以烘托整体环境气氛。需要强调一点,度的把握很重要,切忌到处都通亮,导致周边一些部分反而夺了主题的光彩。配景就是配景,主角自然是主角,没有取舍就没有重点,就没有成功的模型。

4. 盘口雅致衬托的原则

盘口指的是模型的最后收口、边框、台底、玻璃罩等的包装部分。案名、比例尺、标牌等的收口一定要得体。边框、台底、玻璃罩等并无定式,关键看模型的规模大小、楼的高度、色彩及绿化的风格、场地的因素等来制定,以和谐、美观、大方为宜。

6.4.4 合理的摆放空间

卖场大,规模小,显得镇不住环境;而卖场小,模型大会显得卖场更小。所以,有条件或是专业水平较高的模型公司在设计模型的时候,就会把功能分区、客户游览线路、环境氛围、灯光效果、销售道具、冲动诱惑等因素综合考虑。卖场的设计制作属于另外的专业分支,可另行展开分解。总之,要把模型的摆放置于一个突出的位置,同时要有充足的道具来直观地展示,即要有足够多的合理空间来配合模型的摆放。

【本章小结】

本章介绍了建筑与景观模型项目的确定、构思、设计、策划与运作几个阶段的主要工作内容,属于模型制作的前期策划工作,重点讲解了设计过程中的基本原则和建筑与景观模型制作中各个要素之间的相互关系。

【思考与练习】

1. 建筑与景观模型设计分为哪几个阶段?
2. 建筑与景观模型设计构思包括哪些?

第 7 章
建筑与景观模型制作

本章重点
- 模型底盘、地形、道路的制作
- 绿化环境模型的制作
- 后期特殊效果的制作
- 主体建筑模型的制作
- 景观小品模型制作
- 模型的后期管理

7.1 模型底盘、地形、道路的制作

7.1.1 模型底盘制作

底盘是模型的一部分,底盘的大小、材质、风格直接影响模型的最终效果。平面底盘的组成有结构底板(需表示道路)、硬质铺地(包括人行道、广场)和绿地(主要是草地)三部分。在小比例模型上,大马路的车行道和人行道用同一种色表示,中用白线区分,主要大色块分两种:马路与草地,主干道应贴上马路中线和隔离绿岛。结构底板先钉好木板,上蒙三合板或五合板。要做玻璃罩的应留出相应的位置,断面有卡纸底盘和有机玻璃底盘两种。

1. 模型的底盘尺寸

模型的底盘尺寸一般根据模型制作范围和下列两个因素确定。

(1)模型标题的摆放和内容

模型的标题一般摆放在模型制作范围内,其内容详略不一。所以在制作模型底盘时,应根据标题的具体摆放位置和内容详略进行尺寸的确定。

(2)模型类型和体量

景观规划模型一般是景物的外边界限与底盘边缘不小10cm。如果盘面较大,可增加其外边界限与底盘边缘之间的尺寸。单体模型应视其高度和体量来确定主题与底盘边缘之间的距离。总之,要根据制作的对象来调整底盘的大小,这样才能使底盘和盘面上内容更加个体化。

底盘的材质应根据制作模型的大小和最终用途而定。目前,通常用来制作底盘的材质是轻型板、三合板、多层板等。一般作为学生作业或工作模型,则可以选用物美价廉且容易加工的轻型板、三合板。而作为报审展示的模型的底盘,就要选用一些材质好,且有一定强度的材料来制作。一般选用的材料是多层板或有机玻璃板。

多层板底盘的制作方法如下:

①多层板由多层薄板加胶压制而成,具有较好的强度。所以,一般较小的底盘就可以直接按其尺寸切割,而后镶上边框即可使用。如果盘面尺寸较大,就要在板后用木方进行加固。

②用木方加固时,选用的木材最好是白松。因为白松水性较小,不易变形。具体方法是,

先用 30mm × 30mm 木方钉成一个木框，根据盘面的尺寸添加横竖木带，把它分割成若干个方格，一般方格大小为 500mm × 500mm 为宜。

③ 待木框钉成后刷上白乳胶，将多层板钉在木框上放置于平整处，干燥 12 小时后，镶上边框即可使用。

2. 底盘边框的制作

目前，边框的制作方法有很多种，比较流行的有以下两种。

（1）用珠光灰有机玻璃板制作边框

珠光灰有机玻璃板边框色彩典雅、豪华，看上去比较俊秀。具体制作步骤如下：

① 测出底盘的厚度再加出 1cm～1.5cm（视其盘面大小），用珠光灰有机板（3mm）切割成数条。

② 用电钻每隔 20cm 打一个孔，将边框涂上 4115 建筑胶，待胶稍干后，将事先裁好的有机玻璃板边条贴于边框上。粘贴时，板条下边缘与底盘的下边缘靠齐，并用小钉钉于事先打好的孔内，依次类推。

③ 将边框的四边围合好后，便可进行二道边的围合。第二道边是用没有打孔的有机板进行围合，而且两道边之间的粘贴用三氯甲烷来粘接。具体步骤是，先把两道边之间的贴接面擦拭干净，然后，将需要贴接的两道边的上边靠齐，用吸满三氯甲烷的注射器向两道边中间注入三氯甲烷，干燥数分钟后再用三氯甲烷进行第二次灌缝，以确保两道边贴接的牢固。

④ 将边框放置于通风处干燥数小时后，再用木工刨子将边框上端刨平，这样一个完整的边框就制作完毕。

（2）用木边外包 ABS 板制作边框

用这种方法制作的边框形式各异，而且色彩效果可根据制作者的想法而定。具体制作步骤如下：

① 用木条刨出自己所需要的边框，然后镶于底盘上。

② 用 ABS 板包外边。ABS 板与木板贴接时，可用 101 胶，此种胶粘贴速度快，强度高。在用 ABS 板包边时，应先从盘基开始向外依次粘贴。在面与面转折时，最好采用边对面的粘接形式。在边框转角时应采用 45°角对接。注意接口处一定不要产生阴缝。

③ 待整个边框粘接好后，为了保证接缝处牢固，还可用 502 胶灌注一遍。

④ 放置于通风处干燥 24 小时，便可进行修整、打磨。打磨时可先用刀子将接口处多余的毛料切削下去，然后用锉刀磨平。使用锉刀最好选用粗锉，而且用力要均匀，防止 ABS 板留下明显痕迹。用锉刀打磨基本平整后，还要用砂纸最后打磨。最好选用木工砂纸，因为 ABS 板涩而软，砂纸过细起不到打磨的作用，过粗则会留下明显的痕迹。所以，选择的砂纸一定要适中。应将砂纸裹于一块木方上，这样在打磨时，可以保证局部的平整性。在打磨完后，若局部接缝处仍然不严，还可以用腻子进行填补、打磨。

⑤ 待上述工序全部完成后，将粉末清除，即可进行喷色。

7.1.2 模型地形制作

模型地形制作是继模型底盘完成后的又一道重要制作工序。地形的处理，要求模型制作者要有高度的概括力和表现力，同时还要辨证地处理好与建筑主体的关系。

模型地形的任务是描述一个现存的自然景观中的自然地形或是被塑造出来的环境景观。此外，还有对城市空间的描绘，例如游乐场，绿化场地，公园和陵园。广场和街道空间一部分存在于这个模型中，一部分则存在于建筑主体模型类型中。除了绿化的描述（树木，树丛，森林，灌木丛）和通过对草地、断层面、波浪、凹处和隆起的说明，模型地形描述了交通、绿化、水面以及表面，例如地面的衬垫，街道铺装，篱笆围墙的设置等。

地形从形式上一般分为平地和山地两种。平地地形没有高差变化，一般制作起来比较容易；而山地地形则不同，因为它受山势、高低等众多无规律变化的影响而给具体制作带来很多麻烦。因此，一定要根据图纸及具体情况，先策划出一个具体的制作方案。在策划制作方案时，一般要考虑如下几个方面。

1. 表现形式

山地地形的表现形式有两种，即具象表现形式和抽象表现形式。

在制作山地地形时，一般根据建筑和环境的形式和表示对象等因素来确定表现形式。一般用于展示的模型，其主体较多地采用具象表现形式，因为它涉及的展示对象是社会各阶层人士。所以，制作这类模型的山地地形较多采用具象形式来表现。这样，一方面可以使地形与建筑及环境表现形式融为一体，另一方面可以迎合诸多观赏者的口味。

那么，用抽象的手段来表示山地地形，不仅要求制作者要有较高的概括力和艺术造型能力，而且还要求观赏者具有一定的鉴赏力和专业知识。因为，只有这样才能准确地传递设计语言，才能领略模型的形式美。所以一般来说，在制作山地地形时，对于制作经验不多的制作者来说，不应轻易采用抽象手法来表现山地地形（见图7-1、图7-2）。

图 7-1　山地地形表现（1）

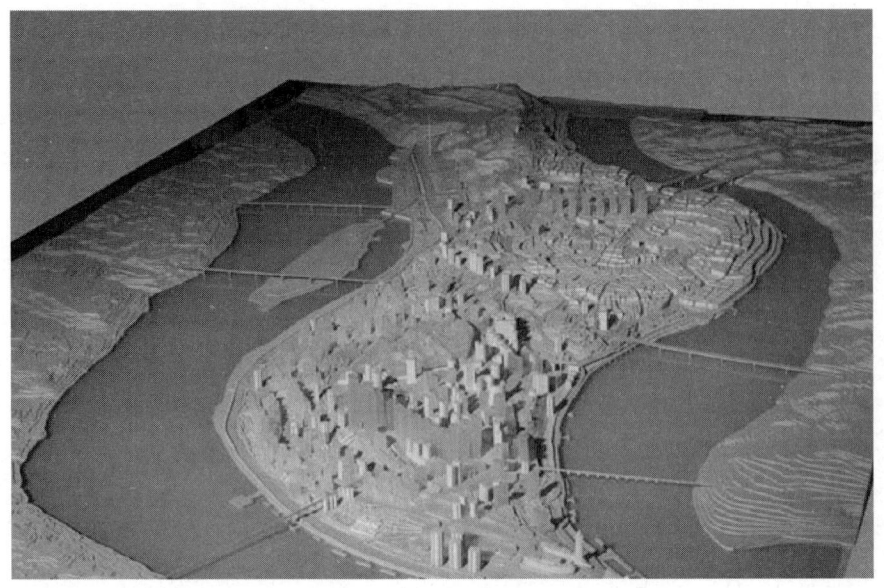

图 7-2　山地地形表现（2）

2. 材料选择

选材是制作山地地形时的一个不可忽视的因素。在选材时，要根据地形和高差的大小而定。这是因为就其山地地形制作的实质而言，它是通过材料堆积而形成的。比例、高差越大，材料消耗也越大。反之，比例、高差越小，材料消耗就越小。若材料选择不当，一方面会造成不必要的浪费，另一方面会给后期制作带来诸多不便因素。所以，在制作山地地形时，一定要根据地形的比例和高差合理地选择制作材料。

3. 制作精度

进行地形制作时，其精度应根据模型主体制作精度和模型的用途而定。

作为工作模型，它是用来研究方案而并非作展示用的。所以，一般山地地形只需要山地起伏及高度表示准确就可以了，无需作过多的修饰。

作为展示模型，除了要把山地的起伏即高程准确地表现出来之外，还要在展示时给人们一种形式美。在制作展示模型的山地地形时，一定要掌握它的制作精度。应该指出，制作山地地形并非越细腻越好，而是应该结合模型主体的风格、体量及制作精度来考虑。总而言之，山地地形在整个模型中属于次要方面，在掌握制作精度时切不可喧宾夺主。

另外，制作山地地形还应结合绿化来考虑。通过绿化后，有时刻意雕琢的山地地形，其裸露的地形已经寥寥无几了。所以，把绿化因素考虑进去会避免做很多无用功。

4. 山地地形制作方法

（1）堆积法

先根据模型制作比例和图纸标注的等高线高差选择好厚度适中的聚苯乙烯板、纤维板等轻型材料，然后将山地等高线描绘于板材上并进行切割。切割后便可按图纸进行拼粘。若采用抽象的手法来表现山地，待胶液干燥后，稍加修整即可成型。如采用具象的手法来表现山地，待胶干燥后，再用纸黏土进行堆积。堆积时要特别注意山地的原有形态，切不可堆积成"馒头"状。表现手法要有变化，原有的等高线要依稀可见。

（2）拼削法

同泡沫模型方法相同。取最高点向东南西北四个方向等高或等距定位，削出相应的坡度，将几块泡沫拼接在一起即可，再放置于草地。泡沫用乳胶粘接，加减修改容易（要喷前处理）。

7.1.3 道路模型制作

道路是模型盘面上的一个重要组成部分。其表现方法不尽相同，多随比例尺的变化而变化。模型中道路有车行道、人行道、街巷道等。制作模型中的道路时，应根据道路的不同功能，选用不同质感和色彩的材料。一般情况下，车行道应选用色彩较深的材料；人行道应选用色彩稍浅并有规则的网格状材料（图7-3为制作人行道的一般流程）；街巷道应选用色彩浅的材料。在制作道路时，车行道、人行道、街巷道的两旁要用薄型材料垫高，还要以层次上的变化来增强道路的效果。

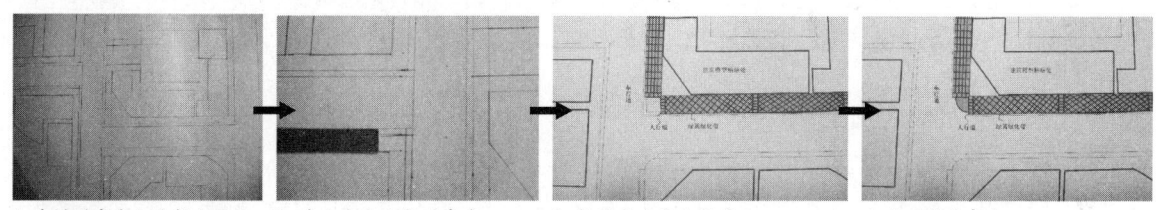

1. 在模型底盘上绘制出图纸，　2. 裁出灰色人行道宽度　　3. 粘贴成直角人行道　　4. 处理转角部分
预留出道路

图7-3　制作人行道的一般流程图

1. 道路的分类

（1）城市道路

城市道路很复杂，有主干道、支干道、街巷道等，所以在表示方法上也不应一样，以下介绍几种表示方法。

1）将白色0.5mm厚的赛璐珞片裁成宽1mm以下的细条粘在道路上，给人一种边石线的感觉。这种方法适用于主、次干道。

2）用植绒纸或薄有机玻璃片将不是道路的部分垫起来，这样自然产生一高一低之差。道路边线便十分清楚地显示出来。这种方法适用于街巷小路。

3）用即时贴裁成细条贴在边石线上，弧线部分用白水粉画出来。

4）全部用白水粉画出街巷边线。

（2）乡村道路

乡村道路可用60~100号黄色砂纸按图纸的形状剪成。在往底台上粘时要注意砂纸的接头，要对好粘牢防止翘起。最好用透明胶纸在背面将接头粘牢后再粘到底台上，这样才能保证接头部分不裂缝、不翘起。

（3）铁路模型制作

窗纱不仅能做栅栏，也可当做铁路。做法如下：取不能抽动纱线的窗纱一块，染成银白色或黑色，裁成小条贴在适当的位置即成铁路。如果比例尺很大可将有机玻璃片裁成薄的细条制作，也可裁赛璐珞板制作。

2. 1:1000~1:2000 道路模型的制作方法

一般来说，1:1000~1:2000 的模型就是指景观规划类模型。在此类模型中，主要由道路系统和绿化构成。因此，在制作时，道路系统的表现要求既简单又明了。在颜色的选择上，一般用灰色。对于主路、辅路和人行道的区分，要统一地放在灰色调中来考虑，用色彩的明度变化区别路的分类。在选用珠光灰或灰色有机玻璃板做底盘时，可以利用底盘本身的色彩作主路，用浅于主路的灰色表示人行道。辅路色彩一般随主路色彩变化而变化。作为主路、辅路和人行道的高度差，在规划模型中是忽略不计的。

在具体操作时，简单易行的制作方法如下。

① 用灰色即时贴来表示道路系统。先用复写纸把图纸描绘在模型的盘上，然后将表现人行道的灰色即时贴裁成若干条，要宽于所要表现的人行道。因为，待人行道贴好后上面还要压贴绿地，为了接缝的严密，一般用压接方法。所以人行道要宽于实际宽度。

② 待准备工作完成后，就可按照图纸的实际要求进行粘贴。

③ 粘贴时，一般先不考虑路的转弯半径，而是以直路铺设为主，把转弯处暂时处理成直角。

④ 待全部粘贴完毕后，再按照其图纸的具体要求进行弯道的处理。

3. 1:300 以上道路模型的制作方法

1:300 以上的模型道路主要是指展示类单位或群体建筑的模型。由于表现深度和比例尺的变化，此模型在道路的制作方法上与前者不同。在制作此类模型时，除了要明确示意道路之外，还要把道路的高度差反映出来。

在制作时，可用 0.3mm~0.5mm 的 PVC 板或 ABS 板作为制作道路的基本材料。具体制作方法如下。

① 按照图纸将道路形状描绘在制作板上。

② 用剪刀或刻刀将道路准确地剪裁下来，并用酒精清除道路上的划痕。

③ 用选定的自喷漆进行喷色，喷色后即可进行粘贴。

④ 可选用喷胶、三氯甲烷或 502 作为粘接剂，在具体操作时应特别注意粘接面，胶液要涂抹均匀，粘贴时道路要平整，边缘无翘起现象。如道路是拼接的，要特别注意接口处的粘接。

⑤ 粘接完毕后，还可视模型的比例及制作的深度考虑是否进行路牙的镶嵌等细部处理。

7.2 主体建筑模型的制作

7.2.1 建筑单体模型的制作过程

建筑模型的制作，是利用工具改变材料形态，通过粘接、组合产生出新的物质形态的过程，这一过程包含着很多基本技法。作为广大模型制作人员，只要掌握了这些简单、最基本的要领与方法，即使是制作造型复杂的建筑模型，也只不过是那些最简单、最基本的操作过程的累加而已。

建筑单体模型制作所需要材料有很多种，如纸板材、聚苯乙烯材、木板材、有机玻璃及 ABS 板材等。

单体模型分为建筑主体、建筑群楼及周边道路系统、周边环境等。在制作时,要注意相互之间整体关系的协调。

建筑主体是模型的中心,其制作要求精细程度高,包括建筑主体构造、建筑细部添加以及材料质感、空间感、建筑色彩表现等。

1. 建筑模型的做法

①绘制建筑模型的工艺图。首先确定建筑模型的比例尺寸,然后按比例绘制出制作建筑模型所需要的平面图和立面图。

②排料画线。将制作模型的图纸码放在已经选好的板材上,在图纸和板材之间夹一张复印纸,然后用双面胶条固定好图纸与板材的四角,用转印笔描出各个面板材料的切割线。需要注意的是,图纸在板材的排料位置要计算好,这样可以节省板料。

③加工镂空的部件。在制作建筑模型时,有许多部位,如门窗等是需要镂空工艺处理的。可先在相应的部件上用钻头钻好若干个小孔,然后穿入锯丝,锯出所需的形状。再用锉修整边缘。锯割时需要留出修整加工的余量。

④精细加工部件。将切割好的材料部件夹放在台钳上,根据大小和形状选择相宜的锉刀进行修整。外形相同或者是镂空花纹相同的部件,可以把若干块夹在一起,同时进行精细的修整加工,这样可以很容易地保证花纹的整齐划一。

⑤部件的装饰。在各个大面粘接前,先将仿镜面及窗格子处理好,再进行粘接。

⑥组合成型。将所有的立面修整完毕后,再对照图纸进行精心粘接。

2. 有机玻璃房屋的做法

(1) 1/50、1/100、1/300房屋的做法

方法1:

①根据立面图纸选好全部有机玻璃片,在图纸和有机玻璃之间垫上复写纸,用圆珠笔把图上的门、窗等的位置描在有机玻璃上。

②用手摇钻或微型电钻等工具在有机玻璃片上将需要挖掉的门窗等的位置钻出小孔。

③将手工锯条穿入孔内,上好锯条按线将多余的部分锯掉。

④所有门窗等空洞锯好后,用什锦锉修整,并在窗口后面粘上茶色透明有机玻璃,窗户即成。

⑤将所有立面制作好以后,按图纸粘合起来,一座房屋即告完工。

方法2:

①按立面图纸要求选好材料,在用料的背面用手术刀、刻刀等工具将需要制作的房屋立面划好,用手在有机玻璃片上擦几次把灰尘或颜色揉入划痕内(即铭线法),便能看清线条,其他做法同方法1。

②各立面做好后,即可按图纸将各面互相粘接起来,再粘上房盖、阳台、装饰线条等,一座房屋即告完成。

(2) 1/500房屋的做法

按图纸要求选出各立面用料并进行加工,将门窗和其他要表示的内容用即时贴等材料按比例割好贴在有机玻璃片上,再将各立面粘合起来。

（3）1/1000、1/2000 房屋的做法

用两种不同颜色的不透明有机玻璃片（有机玻璃片厚度视具体情况而定），按图纸的层高要求互相间隔叠粘在一起，而后加工成形。其特点是不用再装饰房屋立面，但变化不多，显得呆板。

3. 卡纸房屋的做法（见图7-4）

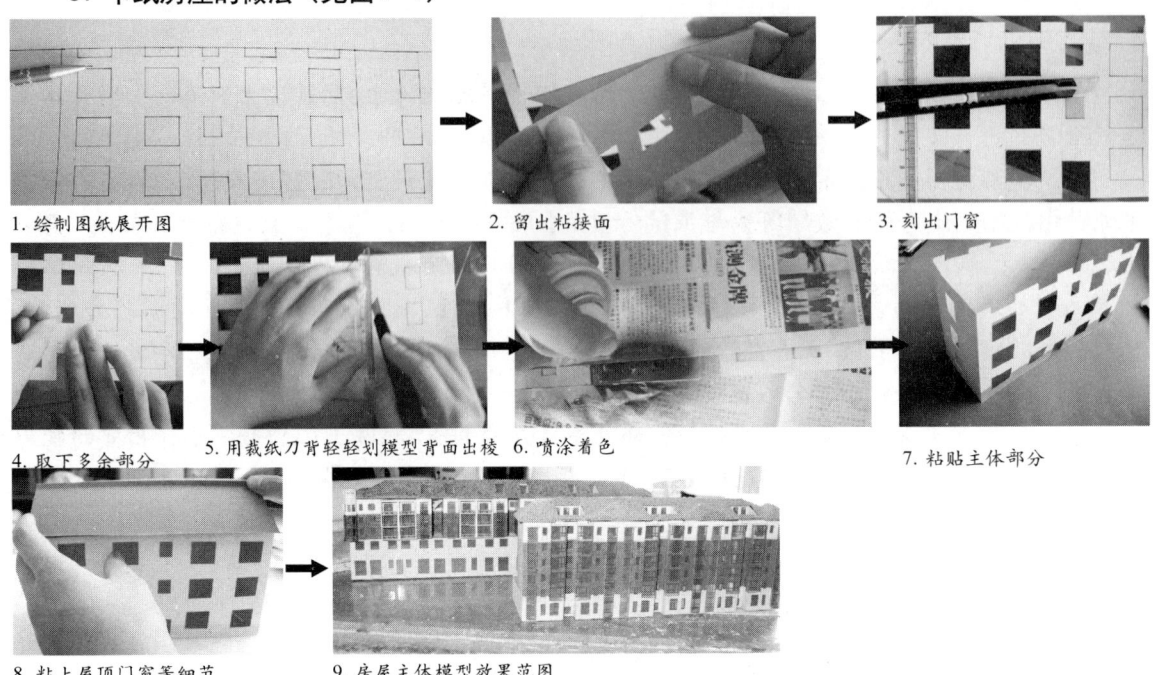

图7-4 卡纸房屋制作流程图

具体制作步骤如下：

1. 将卡纸裱糊在图板上，视需要选择卡纸的厚度。卡纸干后不要取下来。
2. 将建筑物的展开立面和所要表示的内容绘在裱好的卡纸上，并预留粘接余量。
3. 用手术刀、刻刀等刀具刻出门窗等。
4. 用马克笔、毛笔、水粉笔、喷笔等或涂或喷上所需要的颜色。
5. 裁下所有用料，用胶水、白乳胶等拼接成形。

4. 吹塑纸房屋做法

具体制作步骤如下：

1. 将吹塑纸和图纸、卡纸等裱糊在一起（增加厚度与硬度）。
2. 其他做法与卡纸房屋相同。需要注意的是，吹塑纸模型不留粘贴余量，但在裁料时将互相对接的两边裁成45°角，以便粘成90°角。房屋中间还要用苯板做芯加固。

7.2.2 居住小区模型的制作过程

居住小区模型是建筑单体模型的延伸。小区的规模有大有小，小的几万平方米，大的有几十万至上百万平方米的建筑面积；小区里面又有不同的组团和建筑形式，因此居住小区模型是单体模型的深化，需要考虑到各个单体建筑作用之间的协调。小区模型一般要考虑几个方面，如建筑单体、配套设施、小区环境、广场道路、人车交通、围墙、小区大门等。

居住区模型的制作一般要根据总平面图，将其缩放到相应的比例上，然后再在底盘上复制出相应的小区边界、小区的内外道路系统、小区内建筑的位置、树、铺地等，复杂的小区还有人车分流系统、上升或下沉广场、拼花铺地、地形高差、车库入口等。有的小区首层有商业，要将店铺的内饰橱窗等都做出来，营造出十分生动、逼真的气氛。

从色彩上讲，小区的绿化要分为不同色彩，同一色相上的绿化也要做不同层次的区分才会显得生动。另外，从树种上分也有行道树、点景树、绿篱、草坪、灌木丛等不同层次。

居住区照明系统是现代模型效果中极为重要的一个环节，除了建筑内部灯光，还有外部射灯、路灯、庭院灯、地灯、廊灯等，夜晚灯光一照，可谓万家灯火。

小区模型是目前市场需求量较大的一种，原则上讲，几大要素的制作并没有固定的模式，允许做相应的突出夸张，效果好是惟一的标准。

7.2.3 建筑内外面模型的制作过程

室内剖面模型有较强的功能性、直观性和趣味性，往往比较生动、逼真，通常是在房地产销售中用来指导销售不同的户型时使用。

随着中国房地产产业的迅速发展，室内剖面模型也日益显示出其不可代替的表现力，不仅是室内设计师用于构思创造室内空间的辅助设计手段，在设计产品的物业销售推广上，更是单纯图纸不可比拟的。具体制作和装饰表现，分为横剖和纵剖模型。模型的横剖，是指从建筑的横断面即一般门窗的位置切开，用于表现室内房间朝向、位置、关系、空间格局以及展示不同空间的使用功能和装饰气氛；纵剖是指从建筑的竖向切断，剖切位置中包括交通枢纽（电梯空间）和空间竖向变化丰富的部位，用于表现室内的纵向格局、不同楼层的功能分区、交通连接方式、空间立体变化等。

室内剖面模型的制作过程分为以下几个步骤。

1. 建筑内外墙体制作

根据设计图纸，利用材料的不同厚度，按制作比例要求搭建室内格局。墙体下料要方正，切刮处要打磨平整，粘接墙体时接缝要细腻。胶痕应隐蔽，需要时用原子灰修补，细砂纸打磨。室内外墙体构筑完成后，外墙同建筑主体模型一样做色彩及质感处理，增添建筑外观的细部装饰；内墙根据室内设计对墙体、地面、地脚做装饰，在墙面喷涂墙漆或贴壁纸，地面可做石材、木地板、地砖、地毯等，地脚随同地面做相应处理。

最后要提的是，许多舞台艺术如室内情景喜剧，因其搞笑、贴近生活、成本低等特点很受市场欢迎，其拍摄用的居室其实就是一个大的室内剖面模型，这是属于舞台美术的重要分支。

2. 室内家具制作

室内家具风格要同物业的档次、销售对象及室内设计整体构思相匹配，制作人员要多了解国内外家具业的发展趋势，掌握时尚家具的流行款式，并根据不同房间的使用要求来配备。制作时要注意模型比例和家具尺寸，配备时要力求具有典型代表性，精炼而不繁杂，使空间在合理利用的同时又显得宽敞而又舒适，而不是拥挤而狭小的。制作室内家具的材料品种很多，如ABS胶板、石膏、有机玻璃、纸板、布艺、聚苯板、木板等。在工艺上也是因地制宜、多种多样，可用电脑雕刻机制作出各式图案的构件并粘接成各式椅子、桌子、柜子、床等，也可用翻膜技术与热加工技术相结合，制作造型特殊、具有曲面的配件，如浴缸、洗面盆、坐厕、洗菜台、电视、冰箱、沙发等。最后，各种家具及配件均要经喷漆处理以达到仿真效果。

3. 室内装饰品制作

一个优秀和生动的室内模型除了要正确地表现室内外墙体构造装修、室内家具布置之外，还需要室内配饰来做点睛处理。室内装饰品是多种多样的，根据模型设计师的审美情趣和文化品位不同而丰富多彩。常见的有室内绿色植物、花卉、装饰画、雕塑、陶艺、灯具、装饰布艺（如沙发靠垫、床上用品、椅垫）、壁挂、装饰地毯、家用电器（如电视、音响、洗衣机、电冰箱、电脑、电话、空调等）、书籍，它们的做法和所用材料可谓五花八门、因人而异，但也是由模型制作的基本技法演变而来并举一反三的。装饰品的制作更要求制作者要具有丰富的想象力、创造力，要注意在平时多积累素材，学习现实中的室内陈设，不断提高自身的生活品位。

7.3 绿化环境模型的制作

在建筑与景观模型中，除建筑主体、道路、铺装之外，大部分面积属于绿化范畴。所以，绿化环境模型的制作也是建筑与景观模型制作的重点部分。绿化形式多种多样，其中包括树木、绿篱、草坪、花坛等。因此，绿化的表现形式也不尽相同，就其绿化的总体而言，既要形成一种统一的风格又不破坏建筑主体间的关系。

用于建筑与景观模型，绿化的材料品种很多，常用的有植绒纸、即时贴、大孔泡沫、绿地粉等，市场上还有各种成型的绿化材料。但受成品材料种类与价格等因素的制约，未被广大制作者接受。目前，成品材料明显增多，而且价格便宜，已经开始被很多模型设计师选择应用。

上面介绍了一些常用的绿化材料，其实在生活中的很多物品甚至是废弃物，通过加工也可以成为绿化的材料。下面介绍几种常用的绿化形式和制作方法。

7.3.1 平整绿地模型

绿地在整个盘面所占的比重是相当大的。在选择绿地颜色时，深绿、土绿或橄榄绿较为适宜。因为，选择深色调的色彩会显得较为稳重，而且还可以加强与主体建筑、绿化细部之间的对比。所以，大面积的绿地颜色一般选用的是深色调。但也不排除为了追求某种形式美而选用浅色调的绿地。在选择大面积浅色调绿地颜色时，应充分考虑其与建筑主体的关系。同时，还要通过其他绿化配景来调整色彩的稳定性，否则将会造成整体色彩的飘浮感（见图 7-5）。

另外，在选择绿地色彩时，还可以视建筑主体的色彩采用邻近色的手法来处理。如果建筑主体是黄色调，可选用黄褐色来处理大面积绿地，同时配以桔黄色或朱红色的其他绿化配置。一方面可以使主体和环境更加和谐，另一方面还可以塑造一种特定的时空效果。

绿地虽然占盘面的比重较大，但在色彩及材料选定后，其制作方法也是较为简便的。

首先，按图纸的形状将若干块绿地剪裁好。如果选用植绒纸做绿地，一定要注意材料的方向性，因为在阳光的照射下植绒纸方向不同会呈现出深浅不同的效果。所以，在使用时一定要注意植绒纸的方向性。

图7-5 绿地效果范图

待全部绿地剪裁好后,便可按其具体部位进行粘贴。在选用即时贴类材料时,一般先将一角的覆背纸揭下进行定位,并由上而下地粘贴。粘贴时一定要把气泡挤压出去,假如不能将气泡完全挤压出去,不要将整块绿地揭下来重贴,因为即时贴属塑性材质,揭下时用力不当会造成绿地变形。所以,遇气泡挤压不尽时,可用大头针在气泡处刺上小孔进行排气,这样便可以将粘贴处保持平整。

在选用仿真草皮或纸类作绿地进行粘贴时,要注意黏合剂的选择。如果往木质或纸类的底盘上粘贴时,可选用白乳胶或喷胶;如果是有机玻璃底盘,则选用喷胶或双面胶带来粘贴。在使用白乳胶时,一定要注意将胶液稀释后再用。而选用喷胶粘贴时一定要用77号以上的高黏度喷胶,切不可用77号以下的低黏度喷胶。

用喷漆的方法来处理大面积的绿地时,首先,要选择合适的喷漆,一般用自喷漆,因为自喷漆操作简便;其次,要按照绿地的具体形状,用遮挡膜对不喷漆的部分进行遮挡。要注意选择弱胶类遮挡膜,以防喷漆后揭膜时破坏其他部分漆面。另一种方法是先用厚度为0.5mm以下的PVC板或ABS板,按照绿地的形状进行剪裁,然后进行喷漆。待全部喷完干燥后进行粘贴。此种方法适宜大比例模型绿地的制作,因为这样可以造成绿地与路面的高度差,从而更形象、更逼真地反映环境效果。

7.3.2 山地绿化模型

山地绿化与平地绿化的制作方法不同(见图7-6)。平地绿化是运用绿化材料一次剪贴完成的,而山地绿化则是通过多层制作而形成的。

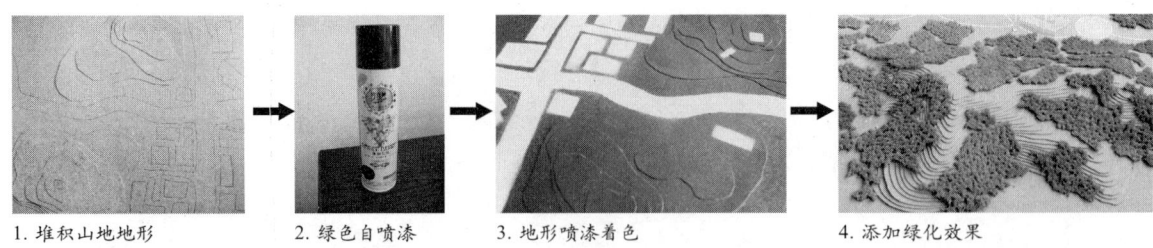

图7-6 山地模型制作一般流程图

山地绿化的基本材料常用自喷漆、绿地粉、胶液等。具体制作方法如下。

① 将堆砌的山地造形进行修整，再用废纸将底盘上不需要做绿化的部分遮挡并清除粉末。

② 用绿色自喷漆做底层喷色处理。自喷漆最好选用深绿色或橄榄绿色，喷色时要注意均匀度。

③ 待第一遍喷漆完后，再次对造型部分的明显裂痕和不足进行即时修整。

④ 修整后再进行喷漆；待喷漆完全覆盖基础材料后，将底盘放置于通风处进行干燥，待底漆完全干燥后便可进行表层制作。

⑤ 表层制作的方法是，先将胶液（胶水或白乳胶）用板刷均匀涂抹在喷漆层上，然后将调制好的绿地粉均匀地撒在上面。在铺撒绿地粉时，可以根据山的高低及朝向做些色彩上的变化。

⑥ 铺撒完后可轻轻挤压，然后将其放置一边干燥。

⑦ 干燥后将多余的粉末清除，对缺陷再稍加修整即可完成山地绿化（见图7-7）。

图7-7 山地绿化效果范图

7.3.3 树木模型

树木是环境景观绿化的一个重要组成部分。在大自然中，树木的种类、型态、色彩千姿百态，要把大自然中的各种树木浓缩到不足楹尺的模型中，这就需要模型制作者要有高度的概括力及表现力。比如，圆锥体泡沫中插上根大头针就成了高树；圆球形泡沫粘成一排就成了树墙，散开三五成群站起来就是树丛；如果把泡沫剪成不规则的细条，再断断续续地粘成一条线就是篱笆；把泡沫撕成薄片粘在绿地上就成了杂生树丛，而连成几片即植被。总之，只要动脑筋就能做出各种绿化植物。

在任何比例的模型中，树高度为5cm～8cm，相当于建筑的2～3层楼高。用这个比例做的树，其感觉比较符合传达模型中的宜人性。

在小比例的模型中（1∶500或更小），由于树的单体很小，就把树做成抽象形树；在大比例模型中（1∶300～1∶100），有时为简化树的存在从而更好地突出建筑物，也会做抽象形树。树的形状一般为球形、伞形、圆锥和宝塔型。由于直径很小，亲自加工制作比较困难，可以在市场上购买现成的圆球物（自行车钢珠、玻璃球、塑料项链、食用干豆子、圆钮扣等）喷绿色漆而成；伞状树可用买回来的图钉喷漆而成（沙发用的长杆图钉最好）；而宝塔树用得不多（雪松），在制作时在跳棋子下粘一杆喷漆就行。

制作树木模型有一个基本的原则，即似是非是。换言之，在造型上要源于大自然中的树，而在表现上要高度概括。就其制作材料而言，国外及港台地区的成品模型中常见非常具象的树（其干、枝、叶俱全且种类多），在国内近来也大量出现。在长期的实践中，模型师发明了很多表现树的方法。使用最多的是海绵树，绢纸、袋装海藻也有使用。此外，只要我们多留心、多注意，就可以发现很多代替品，如毛线、丝瓜瓤、干花、化纤洗碗方巾等，将它们加工修剪，插上牙签，喷漆后都是非常美丽的树。

1．用泡沫塑料制作树的方法

制作树木所用的泡沫塑料一般分为两种，一种是常见的细孔泡沫塑料，也就是我们俗称的海绵。这种泡沫塑料密度较大，孔隙较小，但此种材料制作树木时局限性较大；另一种是大孔泡沫塑料，其密度较小，孔隙较大，它是一种较好的制作树木的材料。海绵可先用染布的染料染色，干后剪成所需的形状，如球形、伞形、宝塔形、圆锥形、阔叶形、灌木丛形，或将海绵剪（或撕）成形后再喷漆（见图7-8、图7-9）。如树干可用牙签插进海绵（乳胶）。模型底盘选用的树可以先插干，但树的高低、顶端海绵的大小一定要进行恰当地选择。

图7-8　使用细孔泡沫塑料制作的树形

图7-9　使用大孔泡沫塑料制作的树形

在制作树木的表现上一般分为抽象和具体两种方式。

（1）抽象的树木表现方法

一般是指通过高度概括（见图7-10）和比例尺的变化而形成的一种表现形式。在制作小比例尺树木时，常把树木的形状概括为球状和锥状，从而区分阔叶与针叶的树种。在制作阔叶球状树时，常选用大孔泡沫塑料。因其孔隙大、蓬松感强，表现效果强于细孔泡沫塑料。在具体制作中，首先将泡沫塑料按树冠的直径剪成若干个小方块，然后修棱角，使其成为球状体，再通过着色就可以形成一棵棵树木。有时为了强调树的高度感，还可以在树球下加上树干。在制作针叶锥状树时，常选用细孔泡沫塑料，细孔泡沫塑料孔隙小，其质感接近于针叶树的感觉。另外，这种树木一般常与树球混用。所以，采用不同质感的材料还可以丰富树木的层次感。在制作时，一般先将泡沫塑料进行着色处理，颜色要重于树球颜色，然后用剪刀剪成锥状体即可使用。

图7-10　抽象树木表现

（2）具象的树木表现方法

所谓具象，实际上是指树木随模型比例变化的一种表现形式。在制作1∶300以上大小比例的模型树木时，绝不能以简单的球状或锥状来表现树木，而是一概随着比例尺以及模型深度的改变而改变（见图7-11、图7-12）。

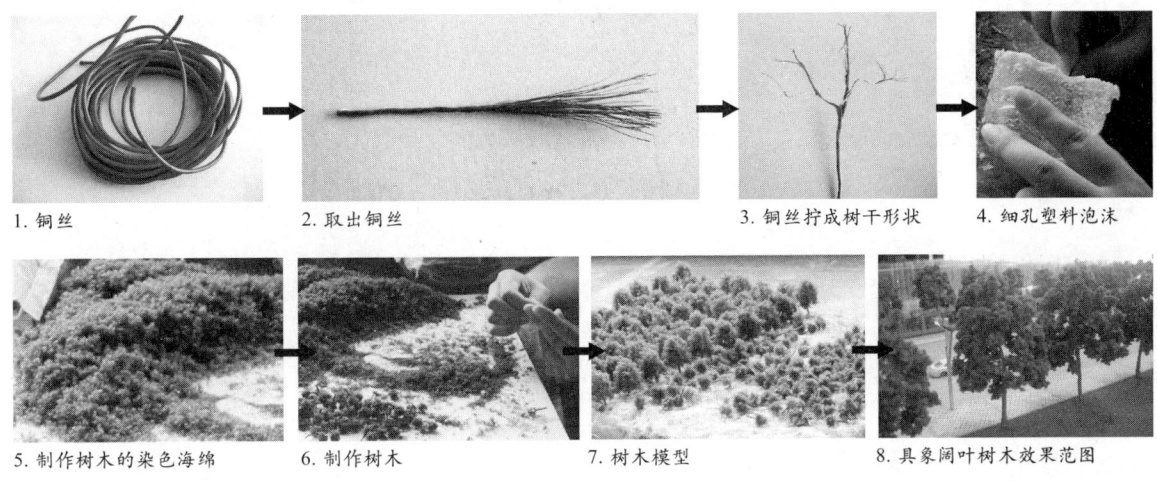

图7-11　具象阔叶木模型一般制作流程图

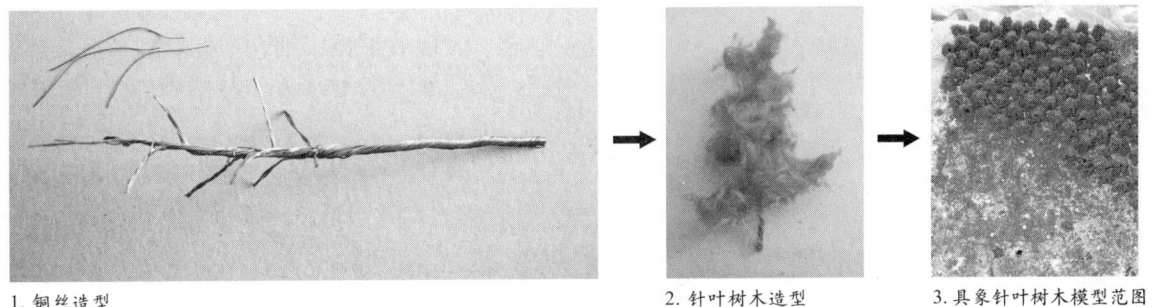

图7-12　具象针叶木模型制作流程图

在制作具象的阔叶树木时，一般要将树干、枝、叶等部分表现出来（见图7-13至图7-23）。在制作时，先将树干部分制作出来。制作方法如下：

图7-13　具象阔叶木模型（1）

图7-14　具象阔叶木模型（2）

图7-15　具象阔叶木模型（3）

图7-16　具象阔叶木模型（4）

图7-17　具象阔叶木模型（5）

图7-18　具象阔叶木模型（6）

图7-19　具象阔叶木模型（7）

图7-20　具象阔叶木模型（8）

图7-21　具象阔叶木模型（9）

图7-22　具象阔叶木模型（10）

图7-23　具象阔叶木模型（11）

1　将多股电线的外皮剥掉，将裸铜线拧紧，并按照树木的高度截成若干节，再把上部枝叉部分劈开，树干就制作完成。

2　将所有的树干部分统一进行着色。

3　树冠部分的制作一般选用细孔泡沫塑料，先进行着色处理，染料一般采用广告色或水粉色。着色时可将泡沫塑料染成深浅不一的色块，干燥后进行粉碎，粉碎颗粒可大可小。

4　将粉末放置在容器中，将事先做好的树干上部涂上胶液，再将涂有胶液的树干部分放在泡沫塑料粉末中搅拌，待涂胶部分粘满粉末后将其放置于一旁干燥。

5　待胶液完全干燥后，可将上面沾有的浮粉末吹掉，并用剪子修整树形，整形后便可完成此种树木的制作。

在制作此类树木时，应该注意以下两点：

1）在制作枝干部分时，切忌千篇一律。

2）在涂胶液时，枝干部分的胶液要涂得饱满些，在沾粉末后，使树冠显得比较丰满。

在制作针叶树木时，也可选用毛线与铁丝作为基本材料。制作方法如下：

① 将毛线剪成若干段，长度略大于树冠直径。

② 再用数根细铁丝拧在一起作为树干。

③ 在制作树冠部分时，可将预先剪好的毛线夹在中间继续拧合，当树冠部分达到要求高度时，用剪刀将铁丝剪断，然后再将缠在铁丝上的毛线劈开，用剪刀修成树形即成。此外，用泡沫塑料也可以制作此类树木，具体方法和步骤与制作阔叶树一样。但不同的是树冠直径较大，可先用泡沫塑料做成一个锥状体的内芯，然后再用胶液贴上一定厚度的粉末，这样就比较容易掌握树的形状。

2. 用干花制作树的方法

在用具象的形式表现树木时，使用干花作为基本材料制作树木也是一种非常简便且效果较佳的方法。

干花是一种天然植物，是经脱水和化学处理后形成的一种植物花，形状各异。

在制作树木时，首先要根据模型的风格、形式选取些干花作为基本材料，然后用细铁丝进行捆扎。捆扎时应特别注意树的造型，尤其是枝叶的疏密要适中。捆扎后，再人为地进行修剪。如果树的色彩过于单调可用自喷漆喷色。应注意喷漆的距离，并保持喷漆呈点状散落在树的枝叶上，这样处理才能丰富树的色彩，呈现出非常好的视觉效果。

另外，干花用于处理室内模型环境时，只寥寥数笔的点缀便可产生一种温馨的感觉，极富感染力。

总之，这种干花虽然在品种、色彩上有其局限性，但只要表现手法得当，便能收到事半功倍的效果。

3. 用纸制作树的方法

利用纸制作树木，是一种比较流行且较为抽象的表现手法。在制作时，首先选好纸的色彩和厚度，最好选用带有肌理的纸张（绢丝）。然后，按照尺度和形状进行剪裁。这种树一般由两片纸进行十字插接组合而成。

表现南方热带气候植物时用诸如棕榈、椰树、芭蕉、香蕉树等材料。也多用卡纸（色纸）卷曲、剪型、梳理而成。

为了使树木大小基本一致，在形体确定后，可制作一个模板，进行批量制作。这样，才能保证树木的形状和大小整齐划一。

4. 用袋装海藻作树的方法

在大比例模型中，袋装海藻可做成非常漂亮的观赏树。这些海藻有淡绿色、深绿色、棕红色、酱红色，不用喷漆，把它们撕成大小、形状合适的比例树形，下面插上顶端带乳胶的牙签就可以了。把它们点缀于高档别墅周围，给人以不一般的感觉。

7.3.4 绿篱模型

绿篱由多棵树木排列组成，并通过剪修而成型的一种绿化形式。

在表现这种绿化形式时，如果模型比例尺较小，可直接用渲染过的泡沫和面洁布，按其形状进行剪贴即可；模型比例尺较大时，在制作中就要考虑它的制作深度与造型、色彩等问题。

需要先制作一个骨架，其长度与宽度略小于绿篱的实际尺寸。然后将渲染过的细孔泡沫塑料粉碎，颗粒的大小应随模型尺寸而变化。待粉碎加工完毕后，在事先制好的骨架上涂满胶液，用粉末进行堆积。堆积时要特别注意它的体量感，若一次达不到预期的效果，可待胶液干燥后重复进行。

7.3.5 树池和花坛模型

树池和花坛也是环境绿化中的组成部分，虽然面积不大，但如果处理得当将起到画龙点睛的作用。制作树池和花坛的基本材料，可选用绿地粉、大孔泡沫塑料、木粉末和塑料屑等。

在选用绿地粉制作时，先将树池或花坛底部用白乳胶或胶水涂抹，然后撒上绿地粉。撒完后用手轻轻按压，然后再将多余部分处理掉，这样便完成了树池和花坛的制作。这里应该强调的是，在选用绿地粉色彩时，应以绿色为主，加少量的红、黄粉末，从而使色彩感觉上更贴近实际效果。

在选用大孔泡沫塑料制作时，先将染好的泡沫塑料块撕碎，然后粘胶进行堆积即可形成树池或花坛。在色彩表现上一般有两种表现形式：其一，由多种色彩无规律地堆积而形成；其二，表现形式是自然退晕，即由黄逐渐变换成绿或由黄到红逐渐过渡而形成的一种表现方法。另外，在处理外边界线时，方法与使用绿地粉来处理截然不同。用大孔泡沫塑料进行堆积时，其外边界线要自然处理成参差不齐的感觉，这样效果更自然、更别致。

选用塑料屑、木粉末制作时，根据花的用颜料染色，然后粘在花坛内，再将花坛用乳胶粘在模型中的相应位置上。

制作模型或装修单位都产生锯末。当锯有机玻璃时，尤其是锯红、黄两种颜色有机玻璃时，把锯末收集起来可以派上用场。如剪一小块植绒纸涂上泡沫胶，再撒上红、黄颜色锯末，去掉多余部分就成了花坛或花圃。

7.4 景观小品模型制作

7.4.1 水面

水面是各类模型中，特别是景观模型环境中经常出现的配景之一。水面的表现方式和方法，应随模型的比例及风格的变化而变化（见图7-24、图7-25）。在制作模型比例尺较小的水面时，可将水面的高差忽略不计，用蓝色即时贴按其形状进行直接剪裁。剪裁后，再按其所在部位粘贴即可。另外，还可以利用遮挡着色法进行处理。其作法是，将遮挡膜贴于水面位置，然后进行镂刻。刻好后用蓝色自喷漆喷色，待漆干燥后，将遮挡膜揭掉即可。

上述介绍的是两种最简单的制作水面的方法。在制作模型比例尺较大的水面时，首先要考虑如何将水面与路面的高度差表现出来。通常采用的方法是，先将模型中水面的形状和位置挖出，然后将透明有机玻璃板或带有纹理的透明塑料板按设计高差贴于镂空处，并在透明板下面用蓝色自喷漆喷上色彩。用这种方法表现水面，一方面可以将水面与路面的高度差表示出来；另一方面，透明板在阳光照射和底层蓝色漆面的反衬下，其仿真效果非常好。

图 7-24 水面效果范图（1）

图 7-25 水面效果范图（2）

7.4.2 车辆

车辆（见图 7-26）是模型环境中不可缺少的点缀物，在整个模型中有两种表示功能。其一是示意性功能，即在停车处摆放若干车辆，则可明确提示此处是停车场；其二是表示比例关系，人们往往通过此类参照物来了解建筑的体量和周边环境景观关系。

车辆在区域规划的模型制作中起着点缀作用和提示作用，还可以增加环境效果。应该指出，车辆色彩的选配及摆放的位置和数量一定要合理，否则将适得其反。

图7-26　车辆模型的造型

在模型上一般只做小汽车（轿车）。它的实际尺寸为4600mm×1770mm×1500mm左右，在模型上常按50mm或稍长一点的尺寸去做。在大比例模型上（1∶100、1∶75或1∶50）的汽车可直接去玩具店买，尽量选择造型简洁，色彩单一的，以免太花哨，导致喧宾夺主。其他比例的汽车可以动手制作。

目前，作为车辆的制作方法及材料很多，如橡胶块、泡沫塑料、有机玻璃和其他塑料等。一般较为简单的制作方法有两种。

1. 翻模制作法

首先，模型制作者可以将车辆按比例和车型各制作出一个标准样品。然后，用硅胶或铅将样品翻制出模具，再用石膏或石蜡进行大批量灌制。待灌制、脱模后，统一喷漆即可使用。

2. 手工制作法

利用手工制作车辆，首先是材料的选择。如果制作小比例的模型车辆，可选用彩色橡皮或石膏，按其形状直接进行切割；如果是大比例车辆，最好选用有机玻璃板进行制作，先要将车体按其体面进行概括。以轿车为例，可以将其概括为车身、车棚两大部分。车辆在缩微后其车身基本是长方形，车棚是梯形。然后，根据制作的比例用有机玻璃板或ABS板按其形状加工成条状，并利用三氯甲烷将车的两大部分进行贴接。干燥后，将车身的宽度用锯条切开并用锉刀修其棱角，最后进行喷漆即可。若模型制作的仿真要求较高时，可以在此基础上进行精加工或采用市场上出售的成品车模型。

3. 实例

车辆的做法大同小异，材料可任意选择。下面以有机玻璃旅行车为例来说明车辆的制作方法。

1　取2mm厚白色不透明玻璃片两块和1mm厚蓝色不透明有机玻璃片一块，将蓝色有机玻璃片夹在中间，用三氯甲烷粘牢。

2　干透后，将粘好的有机玻璃片锯下5mm宽一条。

3　在有机玻璃条上锯下15mm一段，并将一端磨成斜面，将另一端四角磨圆，并在下部粘两条有机玻璃条，与车宽相同当车轴。

4　用打眼器在黑色不干胶纸或钻石贴上打四个圆孔，取下衬纸贴在有机玻璃条（车轴）两端即成车轮，模型汽车即完成。如果是大比例汽车，可用即时贴粘上前后灯及门窗等。

7.4.3　电杆　路灯

路灯（见图7-27）适用于1:300或更大的模型中，在主干道两边、广场周围根据设计需要，选用高架灯或地灯。在制作此类配景物时，应特别注意尺度。路灯的实际尺度为6m~8m，模型灯可按比例算出。此外，在设计人员没有选形的前提下，制作时还应注意路灯的形式与建筑物风格及周围环境的关系。

图7-27　路灯模型范图

在制作小比例尺路灯时，道路两旁的路灯可用细钢丝或大头针制作。最简单的方法是，将大头针带圆头的上半部用钳子折弯，然后在针尖部套上一小段塑料导线的外皮，以表示灯杆的基座部分。这样，一个简单的路灯便制作完成了。粘接时要等距离排列。

在制作较大比例尺的路灯时，可以用人造项链珠和各种不同的小饰品配以其他材料，通过不同的组合方式制作出各种不同形式的路灯。地灯可采用文具店买红、黄、白三色珠针制作。高架灯用0.5mm粗的钢丝或漆包线（回形针）弯成折线形，套入电线塑料套管中做成灯柱，喷成白色即可。

能反映出电杆的模型，一般说来都是大比例模型。根据比例尺的要求，制作电杆的材料也不一样，可采用大头针、圆形木牙签甚至塑料焊条等。若需要加电线，可用废丝袜上拆下的尼龙线或者缝纫用的银线来制作，效果比较理想。

7.4.4 立交桥

1. 高架立交桥

高架桥制作比较简单，只要注意把桥面与路面的接头部分处理好就算成功（见图7-28），这里不做过多介绍。

图7-28　立交桥及底层绿化效果范图

2. 下沉立交桥

下沉立交桥做起来要比高架桥复杂，因为这种桥至少有一条路面低于地平面，在模型上就是低于底台面，因此要在底台面上挖洞。

挖洞的方法有两种：

方法1　在需挖掉的部分挖四排孔，去掉两长边孔间的连接部分，插入铁锯条，分别向两边割断，最后用平板锉修好。

方法2　全部排孔，去掉两宽边，一长边孔间的连接部分，即可掰下来。

将所挖的洞处理好后，即可选一块与底台面相同的材料，做成等宽、等长的弧形路面，将弧顶朝下拼接到洞内，这样下沉路面便告完成。其他部分的制作在此不再赘述。

3. 多层立交桥

在立交桥的模型中，多层立交桥是最复杂的一种。在制作中要细心和耐心，遇到问题要冷静分析。由于桥的形状千变万化，这里不可能逐一介绍。

下面简要说明桥面及桥墩的做法。

（1）桥面制作

桥面可用整裁零补法，这种做法适用于任何材料。制作方法如下：

① 取所需材料一块，将立交桥平面图绘在材料上。
② 按线将桥面裁下。
③ 在圆形路面下边用相同材料连接起来，在圆形路面上方用相同材料也连接起来备用。

（2）桥墩

因制作材料不同，桥墩制作下料稍不相同。如果使用卡纸应留有粘接余量，其他材料则不同。制作方法如下：

① 按桥墩的宽、厚、高下出模型毛胚。
② 将毛胚一端中间锯割开一条直缝
③ 将缝隙掰开或在烙铁上加热后再掰开，即成桥墩。

用桥墩将桥面支起来，再用前面已介绍过的制作方法作出人行道、栏杆、路灯等，立交桥模型即告完成。

7.4.5 公共环境设施模型

公共设施及标志是随着模型比例的变化而产生的一类配景，一般包括路标、围栏、建筑标志等。下面将这几类配景物的表现及制作方法分别作以介绍。

1. 路牌

路牌是一种示意性标志物，由两部分组成，一部分是路牌架，另一部分是示意图形。在制作这种配景物时，首先要按比例及造型将路牌架造好，然后进行统一喷漆。路牌架一般选用灰色。待漆喷好后就可以将各种示意图形贴在牌架上，并将这些牌架摆放在盘面相应的位置。选择示意图形时一定要用规范的图形，若比例尺不合适，可用复印件将图形缩至合适比例。

2. 围栏

围栏（见图7-29）的造型有多种多样。由于比例尺及手工制作的制约，很难将其准确地表现出来，因此在制作围栏时，应加以概括。

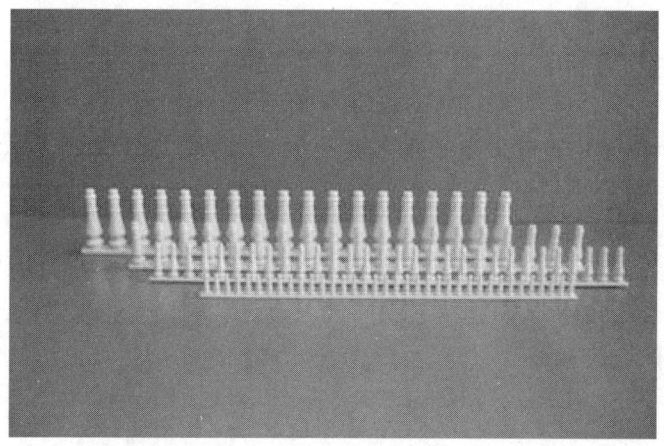

图7-29　围栏造型

制作小比例的围栏时，最简单的方法是先将计算机内的围栏图像打印出来，必要时也可用手绘。然后用复印机将图像按比例复印在透明胶片上，并按其高度和形状裁下，粘在相应的位置上即可制作成围栏（见图7-30）。制作方法如下：

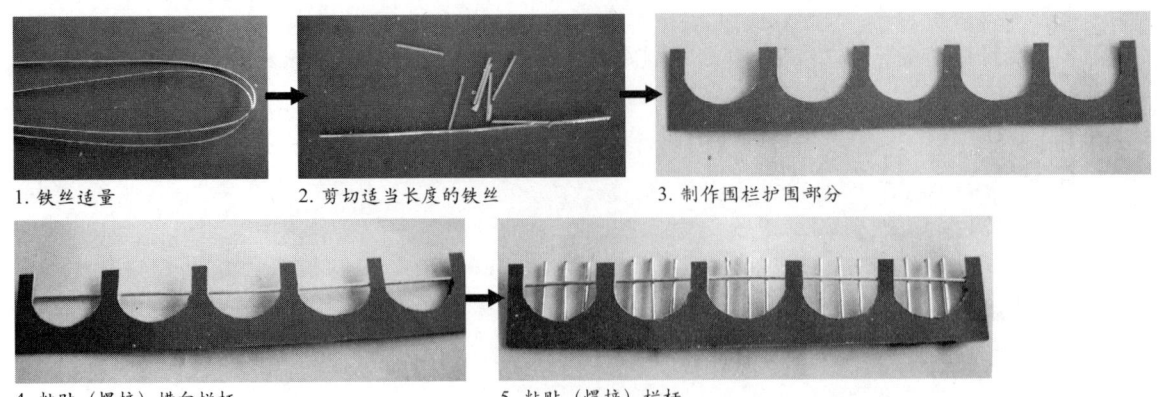

1. 铁丝适量　　2. 剪切适当长度的铁丝　　3. 制作围栏护围部分

4. 粘贴（焊接）横向栏杆　　5. 粘贴（焊接）栏杆

图7-30　围栏模型制作一般流程图

还有一种是利用划痕法来制作。首先，将围栏的图形用勾刀或铁笔在1mm厚的透明有机板上作划痕，然后用选定的广告色进行涂染并擦去多余颜色，即可制作成围栏。从某种意义上说，此种围栏的制作方法与上述介绍的表现形式差不多，但后者就其效果来看有明显的凹凸感且不受颜色的制约。

在制作大比例尺的围栏时，上述两种方法则显得较为简单。为了使效果更加形象与逼真，可以用金属线材通过焊接制成围栏。制作方法如下：

1　选取比例合适的金属线材，一般用细铁丝或漆包线均可。

2　将线材拉直，并用细砂纸将外层的氧化物或绝缘漆打磨掉，按其尺寸将线材分为若干段。

3　待下料完毕后便可进行焊接。一般采用锡焊，电烙铁选用瓦数较小的。先将围栏架焊好，然后再将栅条一根根焊上去即可。焊口处要涂上焊锡膏，这样能使接点平润、光滑。另外，在焊接栅条时要特别注意排列整齐。

4　焊接完毕，先用稀料清洗围栏上的焊锡膏，再用砂纸或锉刀修理各焊点，最后进行喷漆。这样便可制作出一组组精细、别致的围栏。

还可以利用上述方法来制作扶手、铁路等各种模型配景。

此外，在模型制作中，若要求仿真程度较高时，也不排除使用一些围栏成品部件。

7.4.6　建筑小品

建筑小品包括的范围很广，如雕塑、浮雕、假山等（见图7-31）。这种配景在整体上所占的比例相当小，但就其效果而言，往往起到了画龙点睛的作用。一般来说，多数模型制作者在表现这类配景时，对于材料的选用和表现深度的把握往往不准。

在表现形式和深度上，要根据模型的比例和主体深度而定。一般来说，表现形式要抽象化，因为这类小品的物象是经过缩微的，没有必要、也不可能与实物完全一致，只要能做到比例适当、形象逼真即可。有时，这类配景过于具象往往会引起人们视觉中心的转移，同时也不免显出几分匠气。所以在制作建筑小品时，一定要合理地选用材料、恰当地运用表现形式、准确地掌握制作深度，只有做到三者的有机结合，才能处理好建筑小品制作，同时达到预期的效果。

图 7-31　喷泉、假山、花坛等建筑小品造型

在制作建筑小品时，选用材料要视表现对象而定。制作雕塑类小品可以用橡皮、纸黏土、石膏等，这类材料可塑性强，通过堆积、塑形便可制作出极富表现力和感染力的雕塑小品；在制作假山类小品时，可用碎石块或碎有机玻璃块，通过黏合喷色便可制作出形态各异的假山。

1）薄铜片。用薄铜片做浮雕很形象，但取料要薄。其做法是，按比例将铜片裁好，用刻蜡纸的铁笔在铜片的背面画出图案，翻过来用建筑胶粘在要求的位置，即成浮雕。

2）各种吸水石。把各种做盆景用的吸水石砸成小块，用801大力胶粘成各种形状即成假山。

3）橡皮泥。用各种颜色橡皮泥可塑成很多建筑小品。

4）粉笔。将粉笔用刻刀加工后，配上有机玻璃片底台就能做出塑像。

7.4.7　围墙、栅栏

1. 围墙

（1）围墙的类型

按围墙的种类，可分成实体墙与透空墙。在制作围墙模型时，可根据具体情况加以区分。

1）实体墙。用料可选有机玻璃片、卡纸、吹塑纸等，将其裁成小条，再用揉线法或用0.3绘图针管笔分别画出清水砖墙、实墙等，粘在要表示的部位即可。

2）透空墙。实际透空墙建筑千变万化，但制作模型可以和制作雕塑与小品一样，不必要与实体一致，只要能给人一种透空墙的感觉就算成功。

（2）围墙的制作方法

1）缝纫机机轧法

① 取缝纫机针一根，将针头掐断5mm并安在缝纫机上。

② 取0.5mm厚的赛璐珞片一张，大小随意。

③ 用缝纫机压脚将其压住，调好孔距，再用右手帮助缝纫机起动，左手送料，即可轧出等距离圆洞直线。

④ 按墙高的要求，每条保存一排针孔裁下，粘在模型底台上就成了透空围墙。

2）贴纸法

　　① 取1mm厚的透明有机玻璃片一张，大小随意，按墙高的要求裁成小条备用。
　　② 取所需颜色即时贴一张，大小随意，按裁好的有机玻璃片的宽度用软铅笔画好等距直线。
　　③ 取皮带冲子一个，其圆孔直径视围墙高度而定，在画好的直线上等距隔行打孔。
　　④ 用刀按线一条条裁下，粘在已裁好的有机玻璃上，即成透空墙。如果事先在透明有机玻璃上用柔线法划出栏杆，则效果更佳。

2. 栅栏

一般在制作模型时，栅栏可略去不做。但有些栅栏必做不可，比如桥梁两侧的护栏，体育场看台的围栏等（见图7-32）。

图7-32　常用栅栏造型

从建筑物角度看，栅栏都很细小，在模型制作上有一定难度。完全相像不容易办到，但近似的办法还是有的。

方法1　在1mm厚透明有机玻璃上视其情况划出等距平行线，将黑色、棕色等丙稀染料涂进划痕，根据栏高要求按划痕垂直方向向下裁，粘在所要求的位置上即成删栏。

方法2　市场上出售的塑料窗纱有两种，一种是纱线能抽动的，另一种是不能抽动的。我们制作栅栏时要选用不能抽动的那种。制作流程见图7-33，制作方法如下：

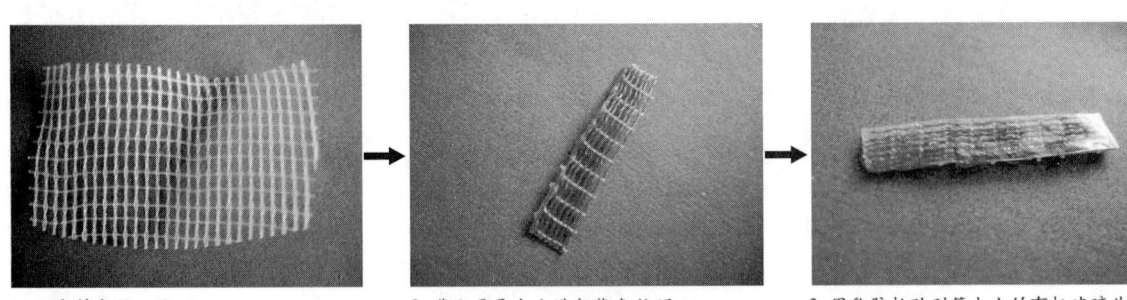

1. 取塑料窗纱一块　　　2. 截取需要大小进行染色处理　　　3. 用乳胶粘贴到等大小的有机玻璃片上

图7-33　制作栅栏模型一般流程图

① 取任意大小窗纱一块，染成所需颜色。用刻刀、剪刀等将窗纱剪成小条。
② 将窗纱条用白乳胶（白乳胶干后有一定的透明度）贴在等宽的透明有机玻璃上，干后即可应用。

7.4.8 标题、指北针、比例尺

标题、指北针、比例尺等是模型的又一重要组成部分。一方面有示意性功能，另一方面也有装饰性功能。有些模型制作者往往只注重前者，而忽视了后者，常常草草了之，从而破坏了模型的整体效果。

下面就介绍几种常见的制作方法。

1. 有机玻璃制作法

用有机玻璃将标题字、指北针及比例尺制作出来，然后将其贴于盘面上，这是一种传统的方法。此法立体感较强，较醒目。其不足之处在于，有机玻璃板颜色过于鲜艳，往往和盘内颜色不协调。另外，在制作过程中，标题字很难加工得很规范，所以，现在很少有人采用此种方法来制作。

2. 即时贴制作法

目前，很多模型制作人员采用即时贴制法来制作标题字、指北针及比例尺。先将内容用电脑刻字机加工出来，然后用转印纸将内容转贴到底盘上。此种方法的加工制作过程简捷、方便且美观、大方。另外，即时贴的色彩丰富，便于选择。

3. 腐蚀板及雕刻制作法

腐蚀板及雕刻制作法是档次比较高的一种表现形式。

腐蚀板制作法是以1mm厚的铜板作基底，用钢刻机将内容拷在铜板上，然后用三氯化铁来腐蚀，腐蚀后进行抛光，并在阴字上涂漆即可制得漂亮的文字标牌。

雕刻制作法是以单面金属板为基底，用雕刻机割除所要制作的内容的金属层，即可制成。

以上介绍的几种方法由于加工工艺较为复杂，并且还需要专用设备，所以一般都是委托他人加工制作。这几种方法虽然制作工艺不同，但效果基本上一致。

总之，无论采用何种方法来表现，都要求文字内容简单明了，字的大小选择要适度，切忌喧宾夺主。

7.5 后期特殊效果的制作

7.5.1 模型的灯光效果

为了模拟夜间的环境景观效果，增强模型的感染力，清楚而生动地说明模型内容，尤其在强烈竞争的房地产行业，为了吸引更多公众注意力时，需要灯光来显示说明景观效果（见图7-34至图7-36）。

图7-34　光怪陆离的灯光效果

图7-35　建筑模型照明效果

图7-36　模型灯光效果范图

1. 发光材料

目前在模型中，经常采用的显示光源有发光二极管、低电压指示灯泡、光导纤维等（见图7-37）。

图7-37　发光二极管、低电压指示灯

（1）发光二极管

价格低廉，电压低、耗电少、体积小、发光时无温升等，适于表现点状及线状物体。

（2）指示灯泡

亮度高、易安装、易购买，但是发光时温度高、耗电多，适于表现大面积的照明。

（3）光导纤维

亮度大、光点直径极小、发光时无温升，但价格昂贵，适于表现线状物体。

2. 电路

模型的显示电路因各种使用情况不同，要求也不同。其繁简程度也各异，一般分为以下几种电路。

（1）手动控制电路

此电路的原理简单，电源通过开关来实现发光源的控制。在使用时，需要某部位亮时，就按某部位的控制开关。一般说来，发光光源的接法有两种。

1）并联电路。这种电路的优点是电压低、安全可靠，当某组光源中有损坏者，不影响本组其他光源的正常使用；缺点是用电电流大，需要配备变压器，因此造价高。

2）串联电路。这种电路造价低廉，线路简单易连接，但每组光源串联电压为220V，所以电路的绝缘问题比较难处理。如果某组中有一个光源损坏，则全组都不亮。

（2）半自动电路

大型模型在使用中需要向来宾、观众做详细讲解。那么利用讲解员手中的讲解棒做文章，便可使模型大放异彩。只要讲解员的讲解棒碰到模型中预先装好的触点上，延时和控制电路就开始工作。由控制电路发出指令，执行电路立即工作，显示电路同时发光。当讲解员在已调好的电路控制时间里讲解完毕时，电路就也自动断电，恢复到下一个循环前状态。这种电路有许多变化，例如在讲解棒前端安装一个小光源，在需要模型某部位显示时，将讲解棒前端的光源对准预先埋好的光敏电阻，按下讲解棒上的开关，小光源即发亮，光敏电阻值发生变化，控制电路即开始工作。也可用磁铁和干簧管配合做成控制线路，便会显示出各种灯光效果。

7.5.2 模型的声音效果

模型的声音效果就是语言讲解系统和配音、配乐系统。是一种全新的感官形式刺激人们的视觉系统，改变了以往模型静态展示的局限，使无声的模型变得有声有色、生动诱人，其功能性也更加完善。

现代科技的发展淘汰了传统的录音机机械把握同步播放的现象，最新采用的是固体芯片语言储存技术，其录放时间在几秒到一小时甚至几小时，断电后语音不丢失，能够自动开播、自动选播、自动点播、自动重播、自动循环播放、自动停播、自动接电、自动断电等。而且无机械磨损和噪音，可配合大功率高保真多路环绕扩音、程序控制、数字编译码遥控、专业采捕编辑，背景音乐和分段、分区、分时讲解。

模型的声音效果分三类，即扩音型、静音型和综合型三类。扩音型适宜参观人较多，一般在室外或相对喧闹的环境；静音型适宜人数较少的室内场合，例如工艺美术、陶瓷、玉器、珍宝等展览项目常用。随着中国向国际化进程的迈进，中外之间的交流也日益增多，静音演示的重要一项是可以利用无线遥控进行多种不同语言的同步播放；综合型即两种演示效果兼备，根据具体情况调节和选用。

7.5.3 声、光、电效果合成框架

1. 概述

声、光、电效果合成框架是当代模型艺术最前沿的与高科技结合的内容。具有灯光效果、图片录像展示、声音解说、背景音乐等控制功能，由一台多媒体计算机对其进行集中控制，并能够与展示大厅的音响系统、大屏幕投影设备进行配合，实现综合控制，达到综合、全面的演示效果。

2. 灯光效果

由建筑内部效果灯、建筑外部效果灯、街道效果灯、水系效果灯、顶置照明灯、顶置追光投射灯组成。通过控制计算机对模型灯光系统进行控制，可以在大模型上营造出白天、夜间等效果，并可分功能区域展示，如行政区域、商业区、道路系统、水景系统、绿化带、名胜古迹等，以及对独立建置进行突出展示。

3. 图片视频展示

在计算机上控制可以通过显示图片、播放录像文件、DVD及VCD影碟等多媒体方式，来展示城市风光和建筑说明等视频素材，并连接大屏幕投影系统，便于多人共同观赏(见图7-38)。

图 7-38　声、光、电效果合成框架

4. 声音的解说和背景音乐

声音解说和背景音乐为两条独立的声音信道,可以分别进行独立控制。声音解说系统可以提供与灯光效果、图片视频展示同步的旁白播出,向观众提供多方位的信息。声音解说的音频信号可以通过算机进行制作,并根据控制计算机的指令在多媒体展示计算机上播出录制好的音频文件。多媒体展示计算机可以向展厅音响系统提供音频信号输出,由展厅音响系统的专业音响设备进行最终的播放。多媒体展示计算机的声音解说输出完全接受控制计算机的控制,又控制计算机根据操作人员的指令确定播放的节目内容。

5. 系统结构

系统结构见图 7-39。

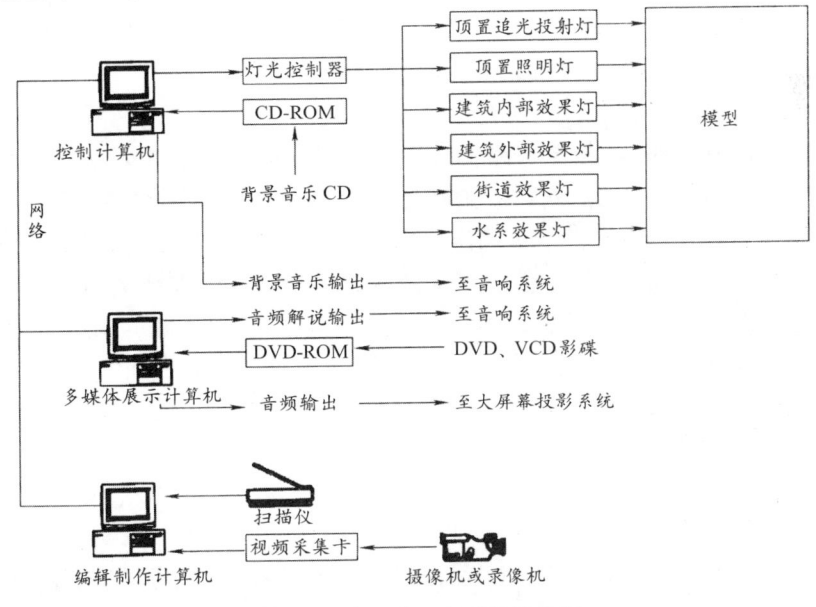

图 7-39　声、光、电系统结构图

6. 灯光控制系统

灯光控制系统见图 7-40。

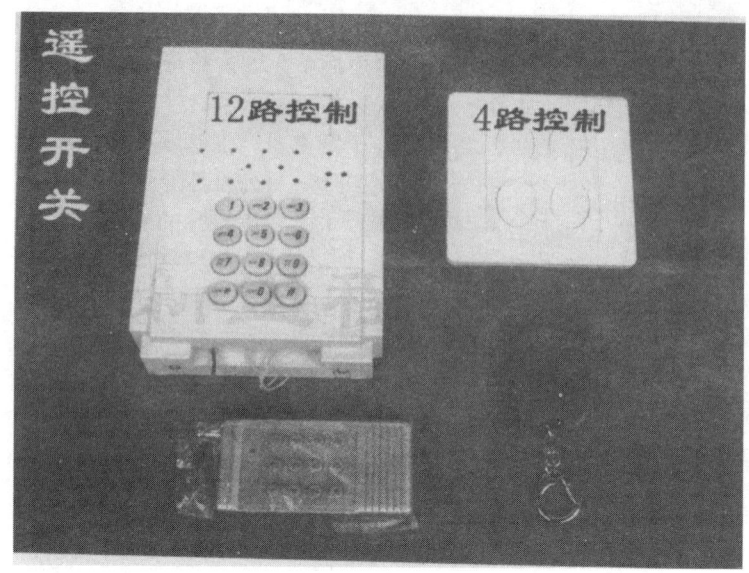

图 7-40　灯光控制器

根据操作人的意图，由控制计算机通过灯光控制器来综合控制建筑内部效果灯、建筑外部效果灯、街道效果灯、水系效果灯、顶置照明灯、顶置追光投射灯等灯光器件，可以在大模型上营造出各种效果。

7.5.4　模型的气雾效果

模型的气雾效果多采用负离子发生器产生的负离子气雾来模拟。只有极少数情况下采用干冰或其他模拟效果。理由很简单，因为负离子发生器产生的烟雾干净、纯度高、发生快、订正快、成本低且雾量可调节。

模型气雾效果的制作原理，是将负离子发生器产生的烟雾从最需要的地方导出，有时配合彩色光来照在气雾上，效果更佳。另外，虽然原理简单，但是产生雾的源头必须有纯净的水，而且产生雾的簧片也需要用特殊的溶剂清洗，才能维持气雾的正常生产。由于搬运和安装比较麻烦，有时容易凝结成水珠，所以一般的气雾效果并不是很广泛地被采用。在自动控制方面，导通电路后很快就会产生气雾效果。

7.6　模型的后期管理

7.6.1　模型的包装与运输

按照中华人民共和国行业标准《模型设计成品包装运输技术规定》（HG/T20579.3-1999）的规定，模型运输应该满足以下要求。

1. 成品模型包装运输的基本要求

（1）安全可靠

合理选择包装运输方式，确保模型能安全无损地送到目的地。

（2）坚实牢固

模型包装箱的设计和制作要保证模型在运输和装卸的过程中能够承受颠簸和冲击而不致损坏，要求模型包装箱既要有足够的牢度，又要拆卸方便。

（3）防震措施

模型在包装时必须要用防震材料衬垫，使模型与包装箱组合成一个既相对稳定、牢固又具有一定弹性的整体。包装箱与运输工具之间也应采取相应的防震措施，要求能够承受在正常情况下装卸和运输过程中产生的颠簸和冲击。

（4）防潮防尘

在包装箱设计制作过程中应考虑防潮、防尘措施，以避免雨水浸袭和灰尘污染。同时，在模型运输过程中严禁受到阳光直接曝晒，包装箱上应标明防潮、防晒标志。

（5）随运检查

根据运输方式，模型运输应有专人押送，或每到一个转运环节应有专人对箱体进行检查。必要时，每个包装箱的上部宜设置有机玻璃窥视孔，供随运人员观察箱内模型的完好程度和提醒搬运人员注意轻放。

2. 包装运输对模型设计制作的技术要求

（1）模型底盘的外形，以矩形为宜。外形尺寸的控制要适应装卸工具的规定，一般陆路运输要求每块模型的外形尺寸控制在 1500mm × 1200mm × 1000mm 以内。当选择航空运输时，每块模型的外形尺寸应控制在 1200mm × 900mm × 800mm 以内。当外形尺寸超过许可范围时，应按上述尺寸采用模型分块制作。

（2）按模型的类别，选择适宜于模型包装的底盘结构。工艺装置管道模型的底盘，应采用可卸式或折叠式支脚的支撑结构；总体布置模型或建筑模型的底盘，应采用不带支脚的托盘式结构。

（3）当模型厂房或框架总高度超过 1200mm 时，应采取分层制作，分层的高度应控制在 800mm～1200mm 范围内。

（4）模型厂房或框架与底盘组合时，要求粘贴牢固，必要时应在关键部位用螺栓固定，防止运输过程中产生松动或脱落。

（5）模型设备的高度，要求控制在适合于包装运输允许的尺寸范围内。当设备安装后的模型总高度超过 1200mm 时，应采取设备模型分段制作或暂不与底盘固定（运输时考虑单独包装）的办法。

（6）高大模型设备的安装除采用粘贴固定外，其设备基础应用螺栓作加强定位。

（7）模型管道的安装，应考虑模型在装卸和运输过程中的防震要求，在易受震荡脱落的部位，应增设模型支吊架或支撑件作预防性加固。

（8）模型管道系统的部件或附件在组装时，应配合紧密、粘贴牢固，并在包装运输前对易松动的部位用粘贴剂作二次粘贴，以增加连接牢度，防止松动脱落。

3. 模型包装箱的设计及制作

（1）模型包装箱的尺寸

应以模型的实际外形尺寸为基准，每次放大20mm～30mm作为包装箱内壁的净空尺寸，放大部分作为模型防震衬垫材料的空间。模型包装箱外形尺寸的高度宜取相同尺寸，以便于运输叠装。

（2）模型包装箱的结构

选择方木框架与木板组合形式，箱体外四角用条形铁皮加固，箱体底部应采用木螺栓固定，以保证包装箱有足够的牢固性。包装箱一般从顶部开闭为宜，当模型高度超过1000mm时，包装箱可采用侧面箱板开闭方式，供开闭的箱板应采用木螺钉固定，以便于开闭操作。

（3）模型包装箱的主要材料

包装箱面板选用12mm～15mm厚的木质板材（或机制板）制作，箱体的框架材料应选用不小于30mm×50mm的方木，箱底的枕木应采用不小于50mm～100mm的方木。

（4）包装辅助材料

固定模型的压条，应选用30mm×50mm的优质木条；防震称垫材料应选用20mm～30mm的聚苯乙烯硬泡沫塑料板材；防潮与防尘材料，可选用油毛毡或塑料薄膜覆合在箱体内壁，并采用0.05mm～0.1mm塑料薄膜作为防尘罩。

4. 模型装箱准备

（1）全面检查与加固

模型上凡是安装连接易脱落部位，都必须进行二次粘接加固，必要时增设临时支撑件，确保模型连接体安装的稳定性与牢固度。

（2）模型编号与复位标记

每块模型与包装箱均应按次序编号，并绘制一份整体拼装示意图。模型厂房的分层面及设备的分段面均应做好加固处理和开箱组装的复位标记。

（3）模型底盘支脚

模型底盘的可卸式支脚应统一做好复位标记，若支脚规格统一，有互换性，则可集中装箱。一般情况下支脚应分别随分块模型装箱为宜。

（4）清洁工作

完成了全面检查及加固工作后，应进行一次成品模型的清洁处理，除掉模型上的尘渍和加固过程中的散落物，并固定防尘罩。

5. 成品模型包装的要求

（1）包装的程序：

1）包装箱质量检查和内部清理。

2）箱底衬垫防震材料。

3）成品模型装箱。

4）模型底盘四边衬垫防震材料及加固。

5）检查装箱质量。

6）放入装箱清单。

7）封箱。

8）包装箱内壁喷刷或书写运输标记。

（2）用聚苯乙烯硬泡沫塑料板材衬垫模型底部及四个侧边，使模型与包装箱之间有一层既能使模型与包装箱相对定位，又具有一定弹性的保护层，以吸收在搬运过程中产生的振幅。

（3）成品模型从顶部装箱时，应采用绳索作为吊装工具，绳索应随模型一起置于箱内，模型底盘支脚应先于模型入箱放置在模型底部，其他需随箱包装的部件及清单应放置在适当的位置相对固定。

（4）成品模型及部件全部入箱并衬垫稳妥后，选择恰当的部位用木质压条将模型与包装箱底压紧定位，保证运输中模型及部件在箱内不会移动。

（5）成品模型在装箱过程中，对于受振动易脱落的部件，可用轻质泡沫塑料块衬垫，并用胶带作临时固定，以防搬运途中摇晃倒置。切忌采用泡沫小球等防震材料进行整箱填充式包装。

（6）箱内物件全部装完、固定并检查无误后，进行模型封箱。箱盖与箱内模型顶部应有一定的空间，防止箱盖受压后损坏模型。箱盖应用木螺钉固定。

（7）模型包装箱外壁应按运输有关规定，喷刷醒目的"小心轻放、防潮、防晒、不准倒置"等标志符号以及包装箱编号，正确书写发货及收货单位名称及地址。

6. 模型运输

（1）运输方式

模型的运输应选择铁路运输和公路运输方式为宜，需要长途运输的大型装置模型，选择集装箱包装运输，其安全可靠性较其他散装方式为好。当选择汽车运输时，必须在车厢内用沙袋做压重处理，以提高运行途中的稳定性。

（2）运输路线

模型运输应选择能用一种运输工具直接到达目的地的方式为宜，尽量避免或减少中途转运的机率。

7. 模型开箱

（1）模型开箱程序：

1）检查模型箱体外观确认完好无损。

2）开启箱盖。

3）拆除箱内模型压条及临时加固设施。

4）取出模型。

5）修复模型脱落的部件。

6）模型校核。

7）清除灰尘。

8）模型拼装。

9）移交用户。

（2）模型开箱应按编号程序，逐箱单独开箱，待已开箱的模型复位、清理、整修、校对无缺损后，方可将包装箱丢弃。

（3）分层分段的模型，应按包装时的标记复位，并清除包装运输所设的标记和临时加固件，对脱落部件用粘接剂做永久性固定。

（4）单块模型全部复位整修清理完毕，可将成品模型搬进存放室，进行整体拼装，再进行一次整体校核，确认无误后，移交用户。

7.6.2 模型的养护

模型太大就无法安装玻璃罩，那么无罩的模型就需要清洁。还有，就是声、光、电等模型底部的电路需要修理，维修人员的出入口怎么开也是问题。有些模型除了要考虑分割、运输、出入口等因素外，还要考虑盘底部电器的绝缘、散热和消防防火等因素。另外，由于各种材料热胀冷缩的系数不一样，所以要避免模型放置场地空间温差太大，并避免阳光的直射。这一切在具体制作时都有一套成熟的做法，但重要的是要考虑到这些因素。

7.6.3 模型的保存

除工作模型之外，一般的使用模型都具有一定的保存价值。如果保存期很短，可用纸、布、塑料布等把模型盖好，防止落灰；如果保存期稍长，可用硬纸板、塑料布等做一个防尘罩；如果保存期很长，可用2mm～5mm厚平板玻璃粘成一个防尘罩，因为平板玻璃透明度好、强度大，能经得起多次擦灰的摩擦，而且还能防止有人乱摸、乱动模型，更能随时观赏（见图7-41）。无论模型是单独保存还是集中保存，都要注意防潮、防晒、防高温，因为不论什么材质的模型经潮湿、日晒或高温，都有可能产生变形和煺色，这对长期保存极为不利。最好用一块紫红色大绒布将模型及玻璃罩一同盖上，再加一层塑料布，这样既能防尘又防晒，还提高了模型的自身价值。模型成品应有专室存放、专人保管，以充分发挥其使用功能。模型存放室要求宽畅通风、明亮洁净，应避免阳光直射模型。

图7-41 平板玻璃制作的防尘罩

【本章小结】

本章通过典型方案的具体演示详解，详细介绍了建筑与景观模型之中地形、主体建筑、房屋、绿化、地盘制作等各种基础素材手工制作常用的方法及具体步骤。材料易得，操作简便，可供手工制作模型者参考之用，并能指导实践教学，提高学生的动手能力和制作效率。建筑与景观模型制作的具体步骤参见图7-42。

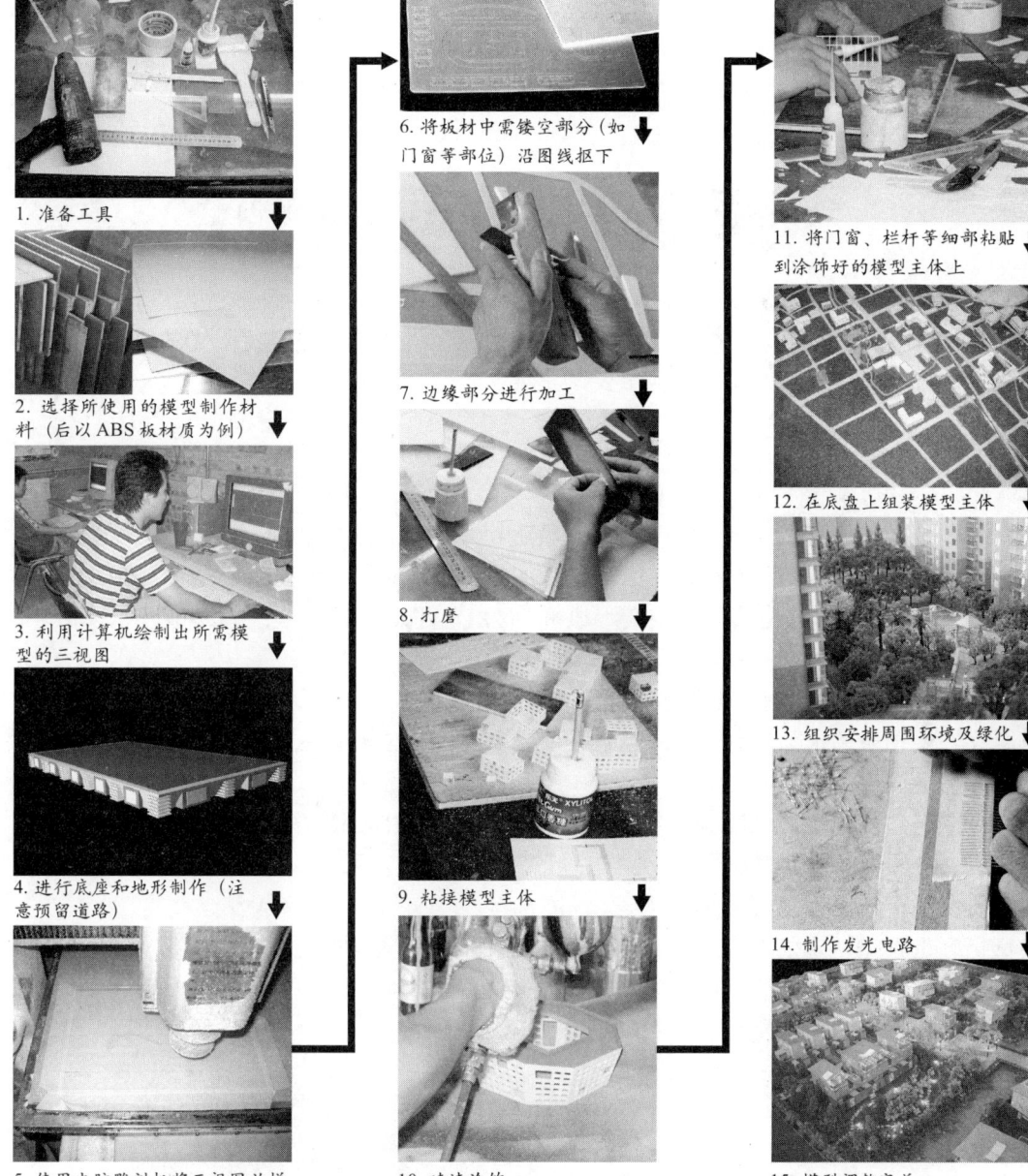

图7-42 建筑与景观模型制作一般流程图

【思考与练习】

1. 简述模型底盘、地形、道路的制作方法。
2. 简述主题建筑模型的制作方法。
3. 简述居住小区模型的制作方法。
4. 简述模型中绿化环境（树木、花草、绿篱）的制作方法。
5. 简述模型中景观小品（水体、车辆、灯）的制作方法。
6. 简述建筑与景观模型特殊效果（灯光、声音、气雾）的制作方法。
7. 简述建筑与景观模型的后期管理方法。

第 8 章
建筑与景观模型的摄影

本章重点
- 摄影器材
- 摄影构图
- 距离与角度
- 拍摄光源环境
- 拍摄背景
- 模型照片后期制作

模型摄影是一种模型的重要表现手法，在投送审定方案、报批计划、指导施工以及归档存查等方面都是不能缺少的。制作者无法保存自己的模型作品，所以模型摄影是模型制作者保留作模型摄影数据的选择，也是档案的重要组成部分。由于建筑与景观模型容易破碎以及搬运困难，有些工作特别需要模型照片。

罗德里克·科因说："模型照片是很重要的，许多人没有见过模型，他们见到的只是照片。模型以照片方便拍照的形似制作，这一点是必须要做到的。也就是说它必须改变自我以便接受各种要求的拍摄。"

我们对空间和造型的视觉体验依赖于与真实世界相接触而引发的视觉功能体系。实体模型总是要变成二维图像的，一张优秀的摄影作品可增强模型的表现力，它能充当公共交流的媒介，有时其重要性甚至远远大于实体模型本身。

模型摄影是根据特定的对象，利用摄影进行展示成果和资料保存的一种重要手段。模型摄影与一般摄影有所不同，它是以模型为特定的拍摄对象。因此，无论是摄影器材的配置、构图的选择、拍摄的角度、光的使用及背景的处理，都应以特定的拍摄对象来进行选择。

8.1 摄影器材

模型摄影一般使用单反相机，主要是为了便于构图和更换镜头。拍摄时，一般使用 135 相机 50mm 标准镜头即可。这种相机拍出的照片变形小，景深适中。但有时为了追求特殊的效果，可以使用变焦镜头或广角镜头。此外，还有一种 PC 镜头，属专业镜头，它可以通过变焦来消除视差，将三维的拍摄对象还原成二维的平面影像。随着数码相机的推广，数码相机在模型摄影上的应用会越来越普及。为了满足室内外拍摄的各种需要，还应配备三角架、照明灯具、背景布及反光板等材料。

8.1.1 光圈、快门与景深

摄影时控制适当的曝光靠光圈和快门，它们是影响曝光的因素。光圈和快门都具有控制曝光量的作用，但方式不同。光圈是通过控制光通量来控制曝光，快门则是通过控制光线在胶片上照射时间来达到目的。因此，它们所产生的效果不同。二者的关系是相互搭配，相互补充。如果在镜头焦距不变的情况下，使用 1/125 秒、F11；1/30 秒、F22 和 1/500 秒、F5.6 的曝光量是一样的，但拍出来的照片效果却不同。使用 1/500 秒、F5.6 拍出的照片，由于光圈较大，景深变小，远处的环境显得模糊不清，而近距离的建筑与景观拍摄效果清晰。由此可见，光圈和快门在作用上的区别就在于光圈的大小影响照片的景深范围，而速度的快慢又决定着运动物体的清晰与模糊。在拍摄静止的模型时，按照拍摄的需要和效果，一定要注意图片的景深。光圈、速度组合见表 8-1。

表8-1 光圈与快门参数组合效果

景深大小	逐渐缩小 ← 景深 → 逐渐增大							
光圈大小	F2	F2.8	F4	F5.6	F8	F11	F16	F22
快门速度	1/1000		1/500	1/250	1/125	1/60	1/15	1/8
清晰度	逐渐清晰			运动模糊			逐渐增大	

8.1.2 镜头、焦距的选择

相机镜头分为广角、标准和长焦三种。它们是根据焦距长短划分的。焦距是指从镜头中心到聚焦平面上形成影像的距离。焦距决定镜头视角的宽窄，焦距越大，视角越小，否则相反。

1. 标准镜头的设定

标准镜头是摄影中最常见的镜头之一。它之所以被称为标准镜头，是因为通过它拍出的照片的视角、物象的大小比例及透视关系与人眼的视觉范围（约43°）相一致，看上去有真实、贴切的感觉。标准镜头一般是生产厂家设计最好的一种镜头，镜头的分辨率高，像幅边缘的畸变较小，而且口径最大，体积最小，能适合各种题材的拍摄。但艺术表现上缺乏感染力，很难给人一种新奇的感觉。135 机型相机的标准镜头焦距设定为 50mm，视觉为 43°；中片幅照相机标准镜头设定为 75mm～127mm 之间（视像幅大小而定）；10.16cm×12.7cm 像幅的座机标准镜头则设定为 150mm。

2. 广角镜头

广角镜头是一种大于人眼视角范围的镜头。这类镜头的特点是焦距短、视角宽、景深大。所拍的画面空间对比大，透视明显，给人较强的视觉冲击力，但容易出现畸变。135 机型相机标准光广角镜头焦距为 35mm～45mm；标准广角镜头的焦距为 28mm～35mm；超广角镜头的焦距在 28mm 以下。

3. 长焦镜头

长焦镜头是指视角较窄的镜头。长焦镜头的特点是焦距长、视角窄、景深小。由于视角窄，拍摄时可将远处的被摄体拉近，或在被摄对象未受干扰的情况下抓拍到精彩的瞬间。所拍画面透视感弱，景深小。135 机型相机镜头焦距在 80mm～300mm 为长焦镜头。

8.2 摄影构图

一幅照片的取舍，拍摄物象的位置以及最终的视觉效果，相当一部分因素取决于构图。

在拍摄模型时，无论是拍摄全貌还是局部，都应以拍摄中心来进行构图，通过取舍把所要表现的对象合情合理地安排在画面中，从而使主题得到充分而完美的表达。

8.3 距离与角度

任何模型的细部制作都有一定的缺陷，在拍摄照片时相机与模型的距离不能太近，否则会使细部制作与其他缺陷完全暴露，同时也会因景深不够而使照片近处或远处局部变虚。如果模型较小，拍摄距离最好大于1.2m；如果模型较大则以取景框能容下模型全貌为准。

拍摄视角的选择是拍摄模型的主要环节。在选择视角时，应根据模型的类型来进行。比如，用来介绍设计方案供人参观等模型可采取低视点拍摄，以各角度立面为主。低视点的照片更接近人眼的自然观察角度，符合人们心理状态；用于审批、存档等模型则以鸟瞰为主，使照片能反映出规划布局或单体设计的全貌，意在一目了然。

在拍摄规划模型时，一般选择高视点，以拍鸟瞰为主。因为规划模型主要是反映总体布局，所以，要根据特定对象来选取视点进行拍摄，从而使人们能在照片上一览全局。

在拍摄单体模型时，一般选择的是高视点和低视点拍摄。当利用高视点拍摄单体建筑时，选取的视点高度一定要根据建筑的体量及形式而定。如果建筑物屋顶面积比较大，而高度较低，则选择视点时可略低些，因为这样处理便可减少画面上屋顶的比例。反之，在拍摄高层且体面变化较大的建筑物时，选择的视点可略高些，这样可以充分展示建筑物的空间关系。

利用低视点拍摄单体建筑，主要是为突出建筑主体高度及立面造型设计。

总之，在拍摄模型时，一定要根据具体情况选择最佳距离和视角（见图8-1）。无论怎样拍摄，都要有一定的内涵和表现力，并且构图要严谨，这样的照片才有收藏价值。只有这样，才能充分展示模型外在的表现力。

图8-1 高视点拍摄规划模型鸟瞰效果

8.4 拍摄光源环境

模型拍摄所采取的光源有两种，一种是利用自然光进行拍摄，另一种是利用人造光进行拍摄。对模型进行拍摄时，最好利用自然光。光线不足时，可采用光灯辅助照明，但不宜采用和相机连为一体的闪光灯。因为光源从正面照向物体时不能产生光影效果。没有光影的照片缺乏表现力，从而显得平淡与呆板。

8.4.1 室外环境摄影

室外光线充足，在阳光直接照射下的模型，其光影效果十分强烈，色调更加鲜明，再配上实地的树、草丛、雪地景或一个特造环境，能使照片更活泼,更有真实感。在室外拍摄模型时，特别是拍摄带有大面反光材料的建筑物时，要特别注意周围反光物对拍摄的影响。同时要注意，千万不要把人的影子拍进画面，更不能拍到模型上。

在室外利用自然光拍摄时，首先要合理地选择拍摄时间，一般以早8时至下午4时之间为宜，过早或过晚则由于色温的变化将会引起图片偏色。另外，正午时间也不利于模型的拍摄，因为正午太阳的照射点最高，模型所呈现的光影效果最差。

其次，要正确地选择光源入射角。在拍摄模型时，选择光源的入射角有两种情况，一种是根据光线照射的情况选择一个最佳的拍摄角度，然后移动其模型进行各个角度的拍摄；另一种是将模型按实际的朝向进行摆放，然后转换相机位置进行拍摄。前者是为了突出光影，而后者则注意的是实际效果。

8.4.2 室内环境摄影

在室内拍摄模型时，光源由若干个灯具组成，称之为人造光。人造光源一般分为主光和辅光两类。在利用人造光进行模型拍摄时，要合理分配主光和辅光。

主光是摄影照明的主要光源。用主光照明能形成一个视觉中心，吸引观众的视线。但这里应该指出的是，主光在画面上只有一个。如果画面上同时出现两个或两个以上的主光，画面就会形成多个中心，使人的视觉中心转移。作为主光灯具，最好放在模型的侧面，与被摄物成30°～60°的角。角度过小，被摄物阴影较大；角度过大，则光线就比较平淡。

辅光也叫副光，其作用是主光照明的补充，消除主光所造成的阴影，以表现景物阴暗面的细部。辅助光的布光位置一般靠近相机，其亮度应低于主光，否则会造成主次颠倒，影响灯光的造型效果。另外，辅助光源的高低位置，应以能冲淡阴影为宜。

一般来说，室内拍摄时，要将室外投入到室内的光源进行遮挡，同时要消除拍摄周围的反光物，从而避免环境因素所引起的不良效果。在室内拍摄模型照片时，最好选一个阴天或阴面房间里进行，这样房间的光线比较固定，又不受阳光的影响，其他杂乱的光线也不易进入镜头，免去很多麻烦。

8.5 拍摄背景

背景处理是模型拍摄的又一重要环节。不论拍什么照片都会有背景，有的背景需要简洁、含蓄，也有的需要详细、清楚。背景处理一般有两种作用：其一，改善拍摄环境；其二，利用背景来烘托气氛。

在拍摄素色建筑与景观模型时，一般选用单色衬布为背景。选用衬布时，最好选用质地比较粗糙的布料作为背景。因为质地粗糙的布料具有一定的吸光性，在阳光或灯光的照射下不会引起反光。同时，在选用单一色彩衬布作为背景时，一定要充分运用色彩学的基本知识。一方面要考虑到背景与主题间的对比关系；另一方面还要考虑到色彩之间冷暖的互补性。总之，这种表现手法较为简捷，但在拍摄前一定要处理好各种关系。这样才能拍摄出格调高雅的模型照片。

在拍摄实体模型时，除了选用上述背景处理外，还可以选用自然背景。自然背景分为两种，一种是以绿化环境为背景，即把要拍的模型摆放在树篱或花丛前拍摄。在采用此种方法时，一方面要注意模型不要贴在树篱或花丛上，要拉大被摄物与背景的距离；另一方面在曝光时，一定要加大光圈，使景深变小，从而使背景产生朦胧感，这样处理既能减弱背景对主要拍摄对象的干扰，又能增强其艺术效果；另一方面是选用天空作为背景，这种处理方法前提是在具有一定高度的楼顶平台上进行拍摄，因为只有这样才能消除周边环境的干扰。同时，在拍摄时最好能选择在天空中有云朵时进行拍摄，能够增加天空的层次感。

8.6 模型照片后期制作

照片的后期制作分为两种情况。一种情况是由于前期构图缺陷而需要进行后期制作，即在模型拍摄完毕并冲洗后，发现照片构图存在一定的缺陷，这时可在照片上用遮挡法来选择构图，当选择到最佳构图时可在样本上标明，然后选送图片社按其样片进行剪裁、洗印。可用这种方法来弥补由于构图不当而留下的缺陷；另一种情况是，用后期制作来改变原有背景，照片更富有艺术表现力。其制作方法是，将所拍的照片中的保留部分用刻刀沿着轮廓线刻下，并将其粘贴在背景图像上，然后进行翻拍放大或直接彩色复印后，可得到一张具有理想背景的建筑与景观模型图片。

模型照片拍摄完成后，还可以利用Photoshop等图片处理软件对缺陷进行后期的调整和修补。采用数码相机可以直接把图片复制到电脑上面进行加工处理。如果因为构图的问题，可以进行局部裁切，直至构图适宜；若是色彩或光线问题，则可以利用调整色相、明度和纯度，重新曝光等命令对图片进行后期处理；若想给模型赋予一个艺术背景，也可用抠图、换背景的方法将模型图片放置在不同的背景上。处理完成后，再送图片社进行照片冲洗。

【本章小结】

摄影是模型的一种重要表现手法。本章从摄影器材的配置、构图方法、距离与角度、光源、背景、后期制作等方面提出了模型摄影的特定要求，介绍了模型摄影的构图原则、注意事项和拍摄技巧。

【思考与练习】

1. 模型摄影的主要摄影器材包括哪些？
2. 如何选择拍摄建筑与景观模型的角度？
3. 光线和背景如何处理？
4. 简述模型照片后期制作方法。

第 9 章
建筑与景观模型设计制作实例

本章重点
- 建筑与景观模型作品的欣赏
- 模型设计制作实例

9.1 如何赏析建筑与景观模型作品

建筑与景观模型是一种特殊的工艺品,它是由造型艺术与色彩艺术结合而产生的瑰宝,是环境景观的再创作。美的模型是制作者对美的一种再创造,是对生活的一种浓缩理解。模型设计师把自己全部感情注入模型中,使模型产生出活力,用那清晰的轮廓,优美的形体,将独有的韵律、和谐统一的色彩展现在人们的面前。人们通过模型感受到景观环境的魅力,使人如醉如痴。欣赏一件模型作品如同欣赏一幅画,这不仅要求设计师技艺高超,也要求观者水平不凡。

一般情况下,模型的欣赏主要考虑以下几个方面。

1. 设计方案本身要精彩

设计方案本身的精彩是构成判断一个模型是否精彩的第一要素。可以想象一个平淡无奇的设计要想具有很强的震撼力,如同是巧妇难为无米之炊。所以方案本身是决定因素。

2. 色彩要和谐

一个模型色彩的整体设计,要充分体现出模型师的艺术修养。一个完美的模型,除了技巧、材料外,还要掌握色彩的基本理论和概念,通过灵活、慎重的手法,实现色彩的协调统一,那些杂乱无章、五花八门的色彩大杂烩的模型是不会有感染力和生命力的。

3. 质感要强

质感问题很大程度上说是真实程度问题。如果模型质感不强,不像其物,那么根本用不着去讨论它的好与坏。因此,欣赏一件模型作品要看与实物比较真实程度如何。当然模型不是实物,它是虚构的,是经过模型师艺术处理的。它源于生活,却高于生活,不可能把实际生活中的一草一木全部照搬到模型上,也没有这种必要。但经过虚构和艺术手段处理后,使人联想到模型虽不是生活中的实体,又确信实物就在眼前,这就需要模型有较高的艺术性,做到以假乱真。"夸张、借喻、拟人"等手法的使用都要恰到好处。

4. 做工要精,层次要分明

做工精细包括模型主体制作和细部的表现都不能粗糙。看模型不仅要看色彩,更要看立面的表现深度，以及各个部位粘接是否正确、牢固；各种线条裁切是否直，接口粘接是否正确等。尤其是房屋的棱角对缝是否严密、女儿墙是否一样高、有无扭曲房屋等，这一切都表明模型的制作水平。不仅如此，更要看细部的制作，如小品、花坛、凉亭、楼梯以及各部线条的粗细深浅等。这些较小的配置做工是否精美、逼真。观赏模型细部是做工精细与否的关键，也能使人们产生很大的乐趣。

5. 比例关系要准确

同一个模型内，模型与模型、配景与配景、模型与配景之间的比例关系大体应该一致。极个别的问题可以特殊处理，但处理后看起来要舒服，不能给人不实之感。不管模型表现的大小，各个部分之间的比例与相应位置要准确。比如有一沙盘模型，汽车的体量和一座房屋的体量大小差不多，不管这个沙盘模型在其他方面怎样成功，也会使观者厌倦。这样，整个作品就毁于比例失调。

6. 气氛渲染的效果

在商业模型中，气氛的渲染是至关重要的。如模型的外部装饰、灯光、环境气氛、色彩、音响等，都构成了环境渲染的重要内容。

当然，一件模型作品由于观者不同，其评价也不同。这与观者的自身艺术修养有极大关系。作为观者，应该视野开阔、博学多闻，具备良好的文化修养、艺术修养，才能有较高的欣赏水平。

9.2 模型设计制作实例

为了巩固所学知识，理论和实践相结合，使学生能够正确运用模型制作工具，掌握常用材料的特性，熟练掌握模型设计和制作的程序及工艺，下面将列出几个模型制作训练课题。

练习1 城市规划中局部建筑及景观模型的制作。

采用城市规划课题设计中的部分作品（见图9-1），或者对所在城市的局部进行调研和测量，允许适当的误差，但视觉效果要和城市原貌相仿。先绘制测绘图纸，对具体尺寸进行标注，要求有城市景观、主干道路、公共建筑、商业建筑、市民休息场所、居住区等构成要素，建筑模型可只表现体量及重要特征。当测绘图纸完成后，选择适宜的比例进行缩放，把图样完善，绘制出简单的立体模型效果图。

由于规划课题的范围较大，相应的模型比例就较小，可选用总平面图常用的比例或扩展比例。

材料的选择：确定底盘的用材、主要建筑物的材料、铺地的材料、绿化的材料、环境配景的材料等，列出相应的表格，计算使用量，准备材料。注意，模型较大，允许5~10人结组制作，但每个人负责的部分必须在表中列出，材料也不限定每组必须一致，可根据实体建筑的外部表现来选材。

色彩的限定：城市规划中色彩容易产生杂乱感，因此必须制定主色调，以统一其他的色彩，同时需要参考原有建筑实体的色彩，对其进行整体的艺术加工，使模型色彩统一中有变化。

图9-1　规划中的局部建筑及景观模型范图

工具和工艺的使用：参阅前几章内容，选择合适的工具和工艺制作方法，几组模型避免雷同。

按照制作方法，先制作好模型的片块及细节、绿化树木、草坪，将边缘部分进行打磨、锉平、修整，然后进行粘接。在边角接缝中应力求精致完美，将要粘合的边尽量切割打磨成45°。全部粘接完成后要对照图纸依次进行检验，不符合要求的应进行修改。检验合格后套上防尘罩保护规划模型。

练习2　南方园林建筑及绿化模型的制作。

选择园林设计现有图纸，根据园林建筑的功能、特点和整体风格进行制作初期的构思和选材。建筑主体材料采用浅色调的墙面，屋顶和墙面为青瓦，可考虑瓦楞纸，精细制作采用ABS板刻出瓦楞并喷色；道路的色彩略深于建筑外观墙面，注意园林中铺地材料的变化，如鹅卵石铺地、条石铺地等；栏杆和立面装饰部分也用美工刀刻出。园林景观中的部分假山雕塑，直接采用比例适当的石子进行单体放置或者堆砌也能产生奇妙的效果。室外的建筑小品可采用现成材料进行制作，如可用牙签制作路灯、卫生筷子制作木质花架、饮料上面插的小伞制作休闲伞等。利用信手拈来的材料制作模型，可以让人有既在情理之中，又在意料之外的感受（见图9-2）。

图9-2　园林建筑及绿化模型范图

要求比例：1∶300。

底盘大小：800mm × 1200mm。

地形：用 ABS 板制作地形坡度，用蓝色冰纹玻璃制作水面，或者在卡纸上面用水粉色绘制水面波纹效果。

工具及工艺：将建筑的平面图形绘制在底盘材料上，然后将用电脑雕刻机雕刻，手工粘接好的主体建筑物粘在底盘相应位置。绿化树木为主要表现内容，采用丰富的色彩搭配使得园林绿化丰富多变。铺地除硬地和道路用地外，均铺设草坪或设置花坛。绿地颜色要求深浅有变化，树木与主体建筑之间的比例协调。

练习3　别墅及周围景观模型制作。

别墅景观以单体建筑为主要表现对象，与上述规划性质的模型表现方法上有所区别。本课题中别墅为欧式外形（见图9-3）。植被特征为几何形树木。道路也以直线型为主。色彩为暖色调的搭配，蓝色尖屋顶。

图9-3　单体别墅建筑及周围环境模型范图

模型比例：1∶100。

底盘规格：800mm × 1200mm。

模型材料：主体建筑物采用 ABS 工程塑料材料，窗子选择有机玻璃或玻璃纸，地面用卡纸或 ABS 板，草坪用绒纸或者细锯木粉材料，树木用染色海绵制作。

颜色配置：建筑物色彩为浅米黄色，外墙装饰色为褐色，蓝色屋顶，道路为蓝灰色，草坪用偏暖黄的绿色，行道树颜色为绿色、红色和黄色的间植，灌木为绿色球状，松树为绿色三角、圆等几何形状。大面积草坪用对比度不大的摩纹绿地。

工具和工艺：用电脑雕刻机雕刻出建筑外立面、窗格线及壁柱装饰，然后手工粘接。

练习4　室内空间布置与模型制作训练。

以规定空间内的室内布置和家具安排为主要表现内容，注重家居生活的特质和空间比例，要求外框采用规定尺寸，室内墙体和家具自由安排。比例适度，色彩温馨调和。可训练多种材料的综合使用（见图9-4）。

图9-4 室内空间布置与家具模型范图

模型比例：1∶50。

底盘规格：1000mm × 1000mm。

模型材料：外墙体采用 ABS 板，内墙体采用厚白卡纸双叠，玻璃采用有机玻璃板或玻璃纸，主要家具用电脑雕刻机雕刻成型，喷色以木色为主，搭配其他颜色，暖色调为主。

练习5 房地产及环境景观模型。

课题的确定：用现成的图纸或自己模拟某一房地产建筑进行设计（见图9-5）。在采用现成的建筑图纸时，可根据自己的设计观进行适当的调整修改，然后重新绘制平面图、立面图和剖面图。绘制好后进行校正，然后按适宜的比例进行缩微。自己模拟某一建筑设计时，应根据建筑的设计方法进行设计。当设计方案完善后，绘制建筑的平面图、立面图和剖面图，绘制好后进行校正，然后确定适宜比例进行缩微。再重新绘制制作模型的平面图、立面图、剖面图。本课题是选用现成的图纸。

图9-5 地产建筑及景观模型范图

比例与规格：根据建筑和周围环境的占地面积、建筑实际的立体尺寸，该模型确定了比较小的比例尺寸：1∶2000。规格 1000cm × 600cm。

材料的选择：首先确定建筑的主体材料，选用有机玻璃、塑料材料。底盘采用胶合板，用色水粉纸做地面，绿化选用木粉末、海绵，染色后使用，花坛用 ABS 塑料板等。

色彩的确定：根据建筑原色彩设计方案来确定模型的颜色。主体楼用白色，地面用中灰色，公路上的道行线用白色，草坪、树和花坛用深浅不同的绿色。

工具的选择及使用：根据该建筑楼层多，比例尺寸大，制作要求准确、精致的特点，选用高科技的工具电脑雕刻机。首先将有机玻璃塑料板截成与雕刻台的工作面大小相宜的块面，然后用双面胶条粘贴在工作台上。用电脑建筑表现图技术的方法建立设计方案的电脑三维模型，然后将该模型数据输送到联机的电脑雕刻机上，启动机器，将建筑的每个面及洞口全部准确、精致地切割出，修整后，再按立面图用氯仿粘接。该模型的底盘采用胶合板制作，用精致加工好的木条做底盘的边框。地面选用一张灰蓝色的水粉纸装裱在底盘上。地面上人行道的制作，选用ABS塑料板烘软后碾压出仿人行道的肌理效果。然后用502胶加立时得胶将建筑实体粘在底盘上。

其他部件的制作：树坛用ABS塑料条根据缩微后的尺寸制作坛体，内涂白胶，再撒上处理后的草粉粒，然后用海绵制成树，涂上立时得胶粘在树坛上。圆形屋顶和圆柱用热压成型的方法制成。

主要材料的修整：用电脑切割出的各个面的板块不能立即粘合，必修用手工工具修整。最好选用什锦锉和手术刀很精心地去修整，修整后再进行粘合。在制作时需要注意实体边角的修整，在边角接缝中，应力求精致完美，将要粘合的边用切割机切成45°。

检验调整：模型全部做好后要对照图纸依次进行检验。不妥之处，进行修改，直到符合要求为止。待检验合格后，应用清洁工具对模型的外表进行清洁处理，不允许有加工的碎料、污垢、灰尘等，然后罩上透明罩保护模型。

练习6　群体规划模型。

比例：1∶500。

规格：2200cm×1800cm。

模型制作：根据规划中的不同区域进行分析（见图9-6），既要对规划整体有全面的了解，又要对单体元素的功能、风格等具体了解，然后进行选材。

图9-6　区域规划模型范图

材料的选择：规划模型材料的选择要考虑整体效果，所以以ABS工程塑料材料为主，以有机玻璃为辅。底盘采用ABS工程塑料材料和胶合板，地面选用接近地面颜色的有色卡纸，绿化带采用绿绒纸，树木选用细致染色的海绵制成。

比例的确定：根据图纸的要求，该建筑规划模型的比例尺寸是1∶500。

模型的色彩：色彩的选用根据原色彩设计。楼群采用白、蓝和土黄三种主色，地面选用浅蓝灰色，水面用蓝色，草坪树和花坛用深浅不同的绿色。

工具的使用和制作：首先将总体平面尺寸和立面尺寸转绘到ABS工程塑料材料和有机玻璃材料上，将建筑的各个窗格子尺寸绘出，用电动切割机进行切割，同时进行手工切割，将要做成建筑体块的每一个面四边切成45°。在制作转角弧形体时，将裁好的板材放入鼓风电热恒温干燥箱内烘软，放在所需弧面的模具上压制冷却后成型。然后将各个面进行粘合，再根据建筑的不同颜色选用喷漆进行楼体色彩的处理。

其他部件的制作：小雕塑用ABS工程塑料雕刻而成。水面用蓝色卡纸。小汽车用双层有机玻璃根据车体修整粘接成型。

粘接：根据不同的材料选用黏接剂。ABS工程塑料材料和有机玻璃材料的黏接剂用氯仿，胶合板和ABS工程塑料的粘接用白乳胶或立时得胶，纸与其他材料的粘接可选用双面胶条。

【本章小结】

模型欣赏也需要有很高的艺术审美水平，本章对模型欣赏所要抓住的几方面表现要素进行了分析。从实践出发，列出了模型设计与制作不同阶段可使用的训练课题，并提出了具体的制作要求，包括使用材料、模型比例、设计思路、效果表现等。

【思考与练习】

1. 自选课题项目进行设计并制作。如居住小区、街道景观、中小型区域规划等。制作工具主要运用电动工具和手工工具。

2. 自选景观设计图纸，按适宜的比例进行制作。制作工具主要运用电脑雕刻机和手工工具。

参 考 文 献

沃尔夫冈，马丁．模型思路的激发［M］．大连：大连理工大学出版社，2003．
刘滨宜．现代景观规划设计［M］．南京：东南大学出版社，1999．
俞孔坚．景观：文化、生态与感知［M］．北京：科学出版社，1998．
沈蔚等．室外环境艺术设计［M］．上海：上海人民美术出版社，2005．
刘蔓．景观艺术设计［M］．四川：西南师范大学出版社，2000．
冯炜等．现代景观设计教程［M］．杭州：中国美术学院出版社，2002．
Hannebaum．园林景观设计实践方法［M］．沈阳：辽宁科学技术出版社，2003．
安秀．公共设施与环境艺术设计［M］．北京：中国建筑工业出版社，2007．
吴昊．建筑模型［M］．太原：山西人民美术出版社，1990．
史习平等．设计表达［M］．哈尔滨：黑龙江科学技术出版社，1996．
范凯熹．建筑与环境设计制作［M］．广州：广东科技出版社，1996．
严翠珍．建筑模型［M］．哈尔滨：黑龙江科学技术出版社，1999．
清水吉治．模型与原型［M］．台北：龙辰出版有限公司，1996．
赵春仙，周涛．园林设计基础［M］．北京：中国林业大学出版社，2006．
朗世奇．建筑模型设计与制作［M］．北京：中国建筑工业出版社，1998．
潘荣，李娟．设计—触摸—体验［M］．北京：中国建筑工业出版社，1998．
刘光明．建筑模型［M］．沈阳：辽宁科学技术出版社，1992．
王双龙．环境技术模型制作艺术［M］．天津：天津人民美术出版社，2005．
郑建启．产品·建筑·环境［M］．武汉：武汉理工大学出版社，2001．
李敬敏．建筑模型设计与制作［M］．北京：中国轻工业出版社，2006．
朴永吉，周涛．园林景观模型设计与制作［M］．北京：机械工业出版社，2006．
刘俊．环境艺术模型设计与制作［M］．长沙：湖南大学出版社，2006．
郁有西，刘大森等．建筑模型设计［M］．北京：中国轻工业出版社，2007．
严翠珍．建筑模型设计制作分析［M］．哈尔滨：黑龙江科学技术出版社，2001．
克里斯.B.米尔斯．建筑模型设计［M］．北京：机械工业出版社，2004．